图灵教育

站在巨人的肩上

Standing on the Shoulders of Giants

TURING
图灵教育
站在巨人的肩上
Standing on the Shoulders of Giants

TURING 图灵程序设计丛书

Vue.js 2 Web Development Projects

Vue.js项目实战

[法] 纪尧姆 · 周 / 著

周智勋 张伟杰 孔亚杰 李骏 / 译

人民邮电出版社

北　京

图书在版编目（CIP）数据

Vue.js项目实战 / (法) 纪尧姆·周
(Guillaume Chau) 著 ; 周智勋等译. -- 北京 : 人民邮
电出版社, 2019.1(2021.9重印)
（图灵程序设计丛书）
ISBN 978-7-115-50199-8

Ⅰ. ①V… Ⅱ. ①纪… ②周… Ⅲ. ①网页制作工具－
程序设计 Ⅳ. ①TP392.092.2

中国版本图书馆CIP数据核字(2018)第265307号

内容提要

本书基于 6 个项目来引导读者深入理解 Vue.js。书中首先介绍 Vue 的基础知识，并使用指令和丰富的用户体验创建第一个 Web 应用；随后通过创建基于浏览器的游戏来介绍动画和交互性；然后通过可用的工具和预处理器讲解如何使用插件创建多页面应用，并为应用创建高效、高性能的组件；接下来创建一个在线商店并对其进行优化；最后将 Vue 与实时库 Meteor 集成，创建一个显示实时数据的仪表盘。

本书适合 Vue 初学者、开发者，以及对 Vue 感兴趣的前端开发人员阅读。

◆ 著　　　[法] 纪尧姆·周
　译　　　周智勋　张伟杰　孔亚杰　李　骏
　责任编辑　杨　琳
　责任印制　周昇亮

◆ 人民邮电出版社出版发行　　北京市丰台区成寿寺路 11 号
　邮编　100164　　电子邮件　315@ptpress.com.cn
　网址　http://www.ptpress.com.cn
　固安县铭成印刷有限公司印刷

◆ 开本：800×1000　1/16
　印张：18
　字数：426千字　　　　　2019年1月第1版
　印数：5 001－5 300册　　2021年9月河北第6次印刷

著作权合同登记号　图字：01-2018-6943号

定价：69.00元

读者服务热线：(010)84084456　印装质量热线：(010)81055316
反盗版热线：(010)81055315
广告经营许可证：京东市监广登字20170147号

版权声明

前　言

作为一个相对较新的 UI 库，Vue 对于当前主流的 JavaScript 库（如 Angular 和 React）来说有很大的威胁。Vue 有很多优点：易用、灵活、速度快，并且为构建完整的现代 Web 应用提供了所需的所有功能。

Vue 渐进式的特点使得开发者能够轻松上手，然后使用更高级的功能对应用进行扩展。Vue 还具有一个丰富的生态系统，包括官方提供的一些库，用于路由、状态管理、脚手架（vue-cli）和单元测试。Vue 甚至开箱即用地支持服务端渲染。

这一切都要归功于一个令人惊叹的社区，以及一支了不起的核心团队。是他们推动着 Web 技术的创新，并使得 Vue 成为一个可持续发展的开源项目。

为了帮助开发者学习 Vue 并利用 Vue 构建应用，本书由 6 个指南构成。每个指南都是一个具体的项目。在学习每个项目时，开发者将自己动手构建一个实际的应用。这也就意味着，学完本书时，开发者将拥有 6 个可以运行的 Vue 应用。

就如 Vue 一样，书中的这些项目也是渐进式的，一步一步引入新的知识点，使得开发者能轻松地掌握 Vue。第一个项目不需要太多配置和构建工具，所以开发者可以立即构建出一个实际的应用。接着，更高级的知识点会被逐步引入项目中。当学完本书时，开发者将拥有一套完整的 Vue 开发技能。

本书涵盖的内容

第 1 章，Vue 开发入门。这一章介绍如何利用动态模板创建一个基本的 Vue 应用，以及如何通过指令实现基本的交互。

第 2 章，项目 1：Markdown 笔记本。这一章探索创建一个完整的 Vue 应用要使用的功能，例如计算属性、函数、生命周期钩子、列表渲染、DOM 事件、动态 CSS、模板条件和过滤器格式化等。

第 3 章，项目 2：城堡决斗游戏。这一章阐述浏览器卡牌游戏的创建，其结构如同一棵树，由可以相互通信且可复用的组件组成。该游戏还拥有动画和动态的 SVG 图形。

第 4 章，高级项目配置。这一章关注如何使用官方提供的 Vue 命令行工具（CLI），根据 CLI 的向导使用 Webpack、Babel 以及更多构建工具来构建一个完整的项目。同时还介绍了单文件组件的格式，让开发者能够创建组件作为构建块。

第 5 章，项目 3：支持中心。这一章介绍如何利用官方路由库来组织一个多页面应用，涉及嵌套路由、动态参数和导航守卫等。此项目还拥有自定义用户登录系统。

第 6 章，项目 4：博客地图。这一章带你创建一个利用 Google OAuth 登录和 Google Maps API 的应用。还介绍了利用官方提供的 VueX 库进行状态管理，以及快速功能组件等重要内容。

第 7 章，项目 5：在线商店以及扩展。这一章概述一些高级开发技术。例如，使用 ESLint 做代码质量检查，使用 Jest 对 Vue 组件进行单元测试，将应用翻译为多语言，以及使用服务端渲染技术提高速度和解决搜索引擎优化（SEO）的问题。

第 8 章，项目 6：使用 Meteor 开发实时仪表盘。这一章教你如何在 Meteor 应用中使用 Vue，以利用这个全栈框架的实时处理功能。

本书需要的工具

学习本书的过程中，你只需要一个文本编辑器或代码编辑器（推荐使用 Visual Studio Code 和 Atom），以及一个 Web 浏览器（建议优先选择最新版的 Firefox 或 Chrome 浏览器作为开发工具）。

目标读者

如果你是一名 Web 开发者，想利用 Vue.js 来构建功能丰富、交互性强的专业应用，那么本书正适合你。在阅读本书时，你应该已经掌握了 JavaScript 语言。如果熟悉 HTML、Node.js，以及类似 npm 和 Webpack 这样的工具，那么对于阅读本书将很有帮助，但这不是必需的。

排版约定

为了区分不同类型的信息，本书定义了一些文本样式。下面是一些样式的示例以及相关说明。

正文中的代码采用以下样式："可以通过使用 `d3.select` 函数选择 HTML 元素。"

代码块的样式如下所示：

```
class Animal
{
```

```
public:
virtual void Speak(void) const // 基类中的关键字 virtual
{
  // 使用 Mach 5 控制台输出
  M5DEBUG_PRINT("...\n");
}
```

新的术语和**重要的词语**将以黑体形式显示。在屏幕上（如菜单或对话框中）出现的文字按照如下样式显示：“单击按钮 **Next** 将打开下一个界面。”

此图标表示警告或重要提示。

此图标表示提示或小技巧。

读者反馈

欢迎读者随时进行反馈，告诉我们你对本书的想法——喜欢或者不喜欢都可以。读者反馈对我们来说非常有用。

一般的反馈可以发送到电子邮箱 feedback@packtpub.com，请在邮件标题中提及书名。

如果你精通某一领域，并有意向参与相关图书的编写，请查看我们的作者指南：www.packtpub.com/authors。

客户支持

现在你已经是 Packt 图书（本书）的拥有者了，我们为你提供了许多物超所值的内容。

下载示例代码

用你的账号登录 http://www.packtpub.com，可以下载本书的示例代码文件。如果是从其他渠道购买，可以打开网址 http://www.packtpub.com/support，注册之后，我们会将文件通过电子邮件直接发送给你。

可以按照如下步骤下载代码文件。

(1) 使用你的电子邮箱地址和密码登录或注册我们的网站。
(2) 将鼠标移到网页顶部的 **SUPPORT** 选项卡上。

(3) 点击 Code Downloads & Errata。
(4) 在 Search 框中输入书名。
(5) 选择要下载代码文件的图书。
(6) 在下拉菜单中选择购买渠道。
(7) 点击 Code Download。

还可以在 Packt Publishing 网站的图书详情页面点击 Code Files 按钮进行下载。可以在 Search 框中输入书名找到图书详情页面。注意，需要用 Packt 账号登录。

下载代码文件之后，利用最新版的解压缩软件进行解压或提取：

- Windows 用户使用 WinRAR/7-Zip
- Mac 用户使用 Zipeg/iZip/UnRarX
- Linux 用户使用 7-Zip/PeaZip

本书的代码也可以在 GitHub（https://github.com/PacktPublishing/Vue-js-2-Web-Development-Projects）上找到。我们出版的其他图书的相关代码和视频可以在 https://github.com/PacktPublishing/ 获取。

下载本书的彩色图片

本书中使用的彩色截图和图表以 PDF 文件的形式提供下载。彩色图片有助于读者更好地理解控制台输出的变化。可以在这里下载该文件：https://www.packtpub.com/sites/default/files/downloads/Vuejs2WebDevelopmentProjects_ColorImages.pdf。

勘误

虽然我们已经想尽办法确保内容的准确性，但错误在所难免。如果你发现我们出版的图书有错误（不论是文本还是代码的错误），请告诉我们，我们将不胜感激。这样你不仅可以让别人知晓错误，减少疑惑，还有助于我们对本书后续版本的改进。如果你发现了任何错误，请访问 http://www.packtpub.com/submit-errata 告知我们。[①]通过点击 Errata Submission Form 链接选择图书，然后输入勘误详情。一旦你的勘误得到验证，我们将接受此勘误并上传到我们的网站上或添加到已有勘误表的相应位置。

要查看之前提交的勘误，可以打开 https://www.packtpub.com/books/content/support，然后在搜索框里输入书名，相关信息将会出现在 Errata 部分。

---

① 针对本书中文版的勘误，请到 http://www.ituring.com.cn/book/2575 查看和提交。——编者注

反盗版

在互联网上，针对受版权保护材料的盗版行为是所有媒体都面临的持续性问题。Packt 非常重视版权和许可的保护。如果你在互联网上发现关于我们图书任何形式的非法复制品，请及时向我们提供位置地址和网站名称，以便我们处理盗版行为。

请通过电子邮箱 copyright@packtpub.com 联系我们，并将可疑的盗版材料链接附在邮件中。

感谢你保护我们的作者以及我们提供有价值内容的能力。

问题

如果你对本书有任何疑问，请通过 questions@packtpub.com 联系我们，我们将尽力解决。

电子书

扫描如下二维码，即可购买本书电子版。

感谢“前端外刊评论”为本书中文版推荐译者、提供帮助。

目 录

第1章 Vue 开发入门

Vue是一个专注于构建Web用户界面的JavaScript库。本章首先通过一段简单的介绍让你对Vue有一个初步的认识，然后创建一个Web应用，为本书后续创建的不同项目奠定基础。

1.1 为什么需要另外一个前端框架

相对来说，Vue在JavaScript前端领域属于后来者，但是对于当前主流JavaScript库的地位具有很大的威胁。它易用、灵活、速度快，还提供了许多功能和可选工具，这使得开发者能够快速地构建一个现代Web应用。Vue的作者尤雨溪将其称为**渐进式框架**。

- Vue遵循渐进增量的设计原则，其核心库专注于用户界面，使得现有的项目可以方便地集成使用Vue。
- Vue既可以构建出很小的原型，又可以构建出复杂的大型Web应用。
- Vue非常容易上手——初学者能轻松掌握Vue，而已经熟悉Vue的开发者则可以在实际项目中快速发挥出它的作用。

Vue整体上遵循MVVM（Model-View-ViewModel，模型－视图－视图模型）架构，也就是说View（用户界面或视图）和Model（数据）是独立的，ViewModel（Vue）是View和Model交互的桥梁。Vue对View和Model之间的更新操作做了自动化处理，并且已经为开发者进行了优化。因此，当View的某个部分需要更新时，开发者并不需要特别指定，Vue会选择恰当的方法和时机进行更新。

Vue还吸取了其他类似框架（如React、Angular和Polymer）的精华。下面是对Vue核心功能的概述。

- 一个响应式的数据系统，能通过轻量级的虚拟DOM引擎和最少的优化工作来自动更新用户界面。
- 灵活的视图声明，包括优雅友好的HTML模板、JSX（在JavaScript中编写HTML的技术）以及hyperscript渲染函数（完全使用JavaScript）。
- 由可维护、可复用组件构成的组件化用户界面。

- 官方的组件库提供了路由、状态管理、脚手架以及更多高级功能，使 Vue 成为了一个灵活且功能完善的前端框架。

1.1.1　一个有发展前景的项目

2013 年，尤雨溪开始筹划构建 Vue 的第一版原型。那时候尤雨溪任职于 Google，并在工作中使用 Angular。尤雨溪最初的目标是吸取 Angular 中所有优秀的功能，比如数据绑定和数据驱动 DOM，并摒弃会导致框架死板、难以学习和使用的一些功能。

Vue 于 2014 年 2 月首次公开亮相，并在第一天就大获成功：出现在 HackerNews 首页，在 Reddit 的/r/javascript 板块中位居榜首，并且其官网获得了 1 万次独立访问。

Vue 的第一个主要版本 1.0 于 2015 年 10 月发布。截至 2015 年年底，Vue 在 npm 中的下载量飙升至 38.2 万次，在 GitHub 上收获了 1.1 万个 star，其官网获得了 36.3 万次独立访问。主流的 PHP 框架 Laravel 选用 Vue 替代 React 作为其官方的前端库。

Vue 的第二个主要版本 2.0 于 2016 年 9 月发布，具有基于虚拟 DOM 的全新渲染器以及许多新特性，比如服务端渲染和性能提升等。本书就是基于 2.0 编写的。Vue 是目前速度最快的前端框架之一。根据与 React 团队共同得出的对比报告，Vue 的性能甚至优于 React（https://cn.vuejs.org/v2/guide/comparison）。写作本书时，Vue 是 GitHub 上第二流行的前端框架，有 7.2 万个 star，位于 React 之后、Angular 之前[①]。

在其路线图中，Vue 的下一个主要版本会集成更多的 Vue 原生库，比如 Weex 和 NativeScript，以便使用 Vue 来构建原生移动应用，同时还会添加新的特性和优化。

如今，有许多公司都在使用 Vue，比如微软、Adobe、阿里巴巴、百度、小米、Expedia、任天堂和 GitLab。

1.1.2　兼容性要求

Vue 没有任何第三方依赖，可以在所有兼容 ECMAScript 5 的浏览器中使用。这也就是说它不支持 Internet Explorer 8 及以下版本，因为 Vue 使用了 JavaScript 中相对较新的特性，比如 `Object.defineProperty`，而它们在老版本的浏览器中是无法 polyfill 的。

在本书中，编写代码使用的 JavaScript 版本为 ES2015（以前称为 ES6），所以在学习前几章时，需要一个较新的浏览器（比如 Edge、Firefox 或 Chrome）来运行示例代码。本书后续章节将介绍编译器 Babel，它编译过的代码可以很好地运行在老版本浏览器中。

---

① 中文版出版时，Vue 已超越 React，位居第一，参见：https://github.com/collections/front-end-javascript-frameworks。——编者注

1.2 一分钟设置

事不宜迟，下面我们通过快速设置来创建第一个 Vue 应用。由于 Vue 与生俱来的灵活性，只需要一个简单的<script>标签就能添加到任意 Web 页面中。下面创建一个包含 Vue 库的简单 Web 页面，其中有一个简单的 div 元素和一个<script>标签：

```
<html>
<head>
  <meta charset="utf-8">
  <title>Vue Project Guide setup</title>
</head>
<body>

  <!-- 将库添加到这里 -->
  <script src="https://unpkg.com/vue/dist/vue.js"></script>

  <!-- 一些 HTML 代码 -->
  <div id="root">
    <p>Is this an Hello world?</p>
  </div>

  <!-- 一些 JavaScript 代码 -->
  <script>
  console.log('Yes! We are using Vue version', Vue.version)
  </script>

</body>
</html>
```

在浏览器的控制台中，可以看到类似如下的内容：

```
Yes! We are using Vue version 2.0.3
```

正如上面的代码所示，库对外提供了一个 Vue 对象，该对象包含使用 Vue 所需的所有功能。至此，一切就绪。

1.3 创建一个应用

现在，这个 Web 页面中还没有运行 Vue 应用。整个库都是基于 **Vue 实例**的，而实例是 View 和 Model（数据）交互的桥梁。因此需要创建一个新的 Vue 实例来启动应用：

```
// 创建 Vue 实例
var app = new Vue({
  // 根 DOM 元素的 CSS 选择器
  el: '#root',
  // 一些数据
  data () {
    return {
```

```
      message: 'Hello Vue.js!',
    }
  },
})
```

在上面的代码中，使用关键字 new 调用 Vue 构造器创建了一个新的实例。Vue 构造器有一个参数—— option 对象。该参数可以携带多个属性（称为选项），我们会在后面的章节中逐渐学习。这里只使用其中的两个属性。

通过 el 选项，我们使用 CSS 选择器告知 Vue 将实例添加（挂载）到 Web 页面的哪个 DOM 元素中。在这个示例中，Vue 实例将使用<div id="root"> DOM 元素作为其根元素。另外，也可以使用 Vue 实例的$mount 方法替代 el 选项：

```
var app = new Vue({
  data () {
    return {
      message: 'Hello Vue.js!',
    }
  },
})
// 添加 Vue 实例到页面中
app.$mount('#root')
```

Vue 实例的大多数特殊方法和属性都是以美元符号（$）开头的。

我们还会在 data 选项中初始化一些数据，利用了携带一个字符串的 message 属性。现在 Vue 应用运行起来了，但是此处还并没有做什么。

在单个 Web 页面中，开发者可以添加任意多个 Vue 应用。只需要为每个应用创建出新的 Vue 实例并挂载到不同的 DOM 元素即可。当想要将 Vue 集成到已有的项目中时，这非常方便。

Vue 开发者工具

Vue 有一个官方调试工具，在 Chrome 中以扩展的方式呈现，名为 Vue.js devtools。通过该工具可以看到应用的运行情况，这有助于调试代码。可以在 Chrome 网上应用商店（https://chrome.google.com/webstore/search/vue）下载；如果使用 Firefox，则可以到 Firefox 附加组件（https://addons.mozilla.org/en-US/firefox/addon/vue-js-devtools/?src=ss）下载。

使用 Chrome 版本的话，还需要进行额外的设置。在扩展设置中，启用 Allow access to file URLs 选项，这样调试工具就能在从本地磁盘打开的 Web 页面上检测 Vue 了。

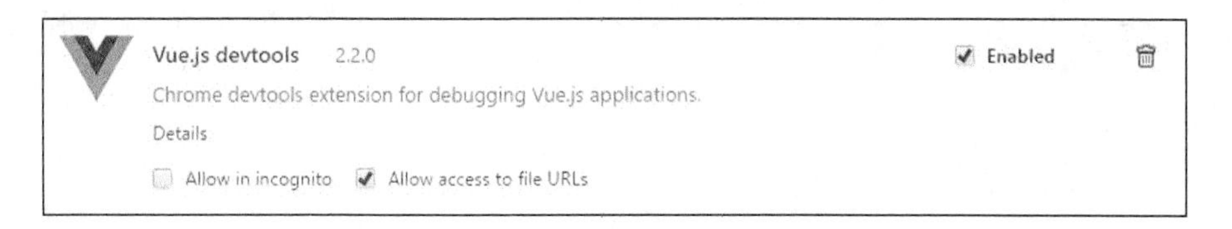

打开我们的 Web 页面，按快捷键 F12（在 OS X 中快捷键是 Shift＋command＋c）打开 Chrome 开发者工具，然后找到 Vue 选项卡（有可能隐藏在 More tools...下拉菜单中）。打开该选项卡之后，就可以看到一棵默认名为 Root 的 Vue 实例树。如果点击 Root 的话，会在侧边栏上显示出实例的相关属性。

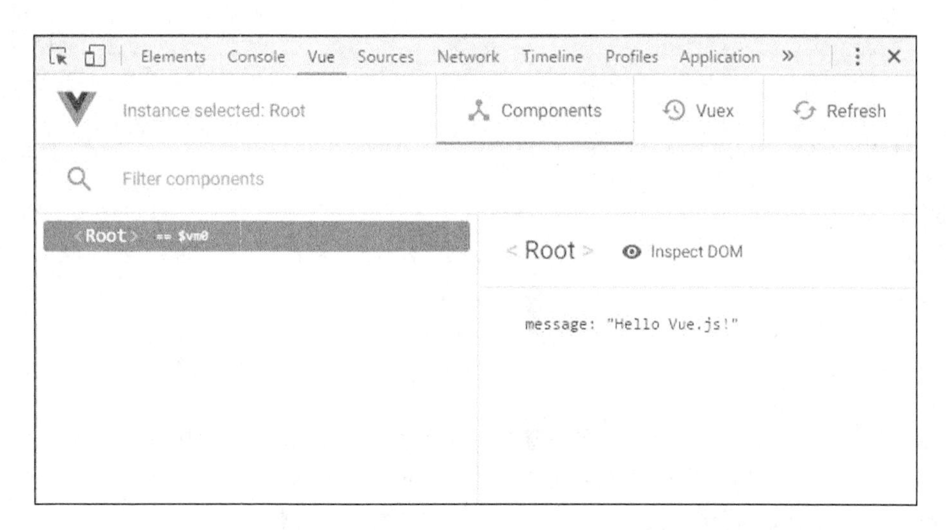

可以将 devtools 选项卡拖放到喜欢的位置。建议将其放在靠前的位置，因为当 Vue 不处于开发模式或没有运行时，该选项卡在页面中是隐藏起来的。

可以通过 name 选项修改 Vue 实例的名字：

```
var app = new Vue({
  name: 'MyApp',
  // ...
})
```

当一个页面中有多个 Vue 实例时，这有助于直观地在开发者工具中找到具体的某个实例。

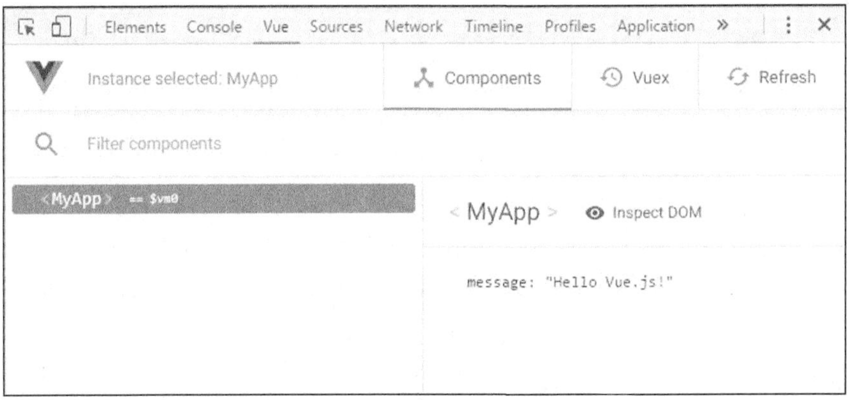

1.4　借助模板实现 DOM 的动态性

在 Vue 中，开发者可采用多种方式编写 View。现在，我们先从模板开始。模板是描述 View 最简单的方法，因为它看起来很像 HTML，并且只需要少量额外的语法就能轻松实现 DOM 的动态更新。

1.4.1　文本显示

先来看看模板的第一个功能：**文本插值**。文本插值用于在 Web 页面中显示动态的文本。文本插值的语法是在双花括号内包含单个任意类型的 JavaScript 表达式。当 Vue 处理模板时，该 JavaScript 表达式的结果将会替换掉双花括号标签。用下面的代码替换掉`<div id="root">`元素：

```
<div id="root">
  <p>{{ message }}</p>
</div>
```

在上面的模板中，有一个`<p>`元素。该元素的内容是 JavaScript 表达式 `message` 的结果。该表达式将返回 Vue 实例中 `message` 属性的值。现在应该可以在 Web 页面中看到输出了一行新的文本内容：`Hello Vue.js!`。这看起来只是显示了一个字符串，但是 Vue 已经为开发者做了很多事情——DOM 和数据连通了。

为了证明这一点，我们打开浏览器控制台并修改 `app.message` 的值，然后按回车键：

```
app.message = 'Awesome!'
```

可以发现显示的文本发生了改变。这背后的技术称为**数据绑定**。也就是说每当数据有改变时，Vue 都能够自动更新 DOM，不需要开发者做任何事情。Vue 框架中包含一个非常强大且高效的响应式系统，能对所有的数据进行跟踪，并且能在数据发生改变时按需自动更新 View。所有这些操作都非常快。

1.4.2　利用指令添加基本的交互

接下来在我们的静态应用中加入交互性吧。例如，允许用户通过输入文本修改页面中显示的内容。要达到这样的交互效果，可以在模板中使用称为**指令**的特殊 HTML 属性。

Vue 中所有的指令名都是带 v- 前缀的，并遵循短横线分隔式（kebab-case）语法。这意味着要用短横线将单词分开。HTML 属性是不区分大小写的（大写或小写都没有任何问题）。

在此，需要使用的指令是 v-model，它将<input>元素的值与 message 数据属性进行绑定。在模板里面添加一个新的<input>元素，该元素带有 v-model="message"属性：

```
<div id="root">
  <p>{{ message }}</p>
  <!-- 添加一个文本输入框 -->
  <input v-model="message" />
</div>
```

当 input 值发生改变时，Vue 会自动更新 message 属性。你可以在 input 中输入一些内容，验证文本内容是否会随着输入的变化而变化，以及开发者工具中值的变化：

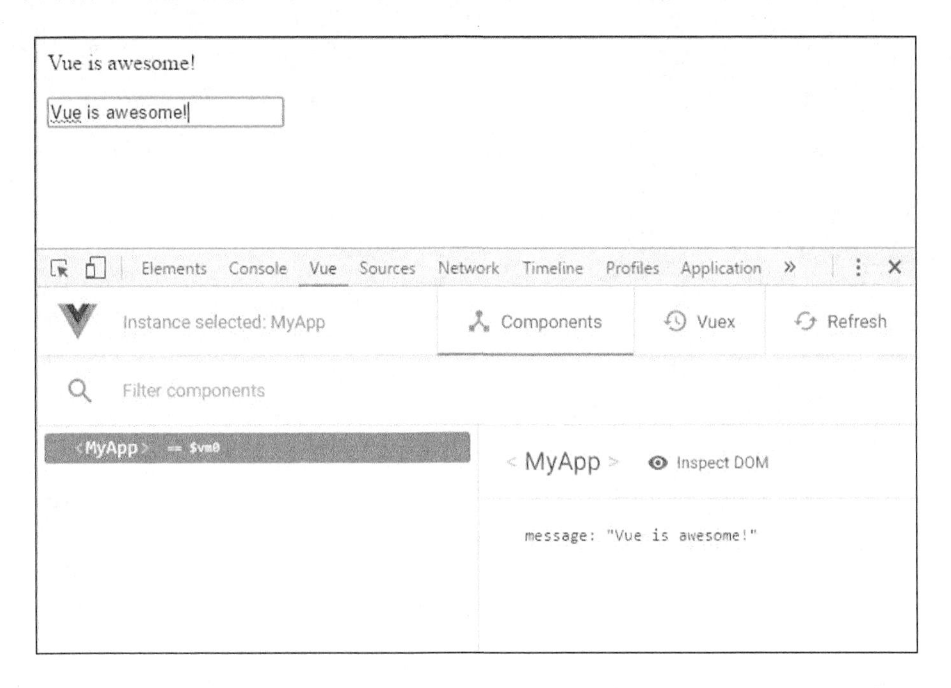

Vue 提供了许多指令，开发者还可以自定义指令。不用担心，后续章节会进行介绍。

1.5　小结

本章首先快速设置了一个 Web 页面来着手使用 Vue，然后编写了一个示例应用。我们在页面中创建并挂载了一个 Vue 实例到 DOM 中，接着编写模板实现了 DOM 的动态性。在这个模板中，我们借助文本插值用一个 JavaScript 表达式来显示文本内容。最后，通过 `v-model` 指令将 `input` 元素绑定到数据属性，给 Web 页面添加了一些交互。

在下一章中，我们会使用 Vue 创建第一个真正的 Web 应用——Markdown 笔记本。我们将用到 Vue 提供的更多优秀功能，使得该应用的开发成为一次快速而有趣的体验。

第2章

项目1：Markdown笔记本

我们将创建的第一个应用是一个Markdown笔记本，过程中会逐步展开介绍Vue的几个功能。我们会在第1章的基础之上添加更多的元素，例如用于用户交互的指令和事件，更多的Vue实例选项，以及对值做处理的过滤器。

在开始编写代码之前，先介绍一下即将开发的应用，并明确要达成的目标：

- 该笔记本应用允许用户以Markdown标记语言来写笔记；
- 支持Markdown的实时预览；
- 用户可以添加任意多条笔记；
- 笔记可以在用户下次打开应用时重新加载出来。

为此，我们将用户界面分为三部分：

- 笔记编辑器作为主要内容呈现在中间；
- 右侧面板用来实时预览当前的Markdown笔记；
- 左侧面板上有笔记列表和一个添加笔记的按钮。

本章学习结束时，应用的效果看起来如下所示。

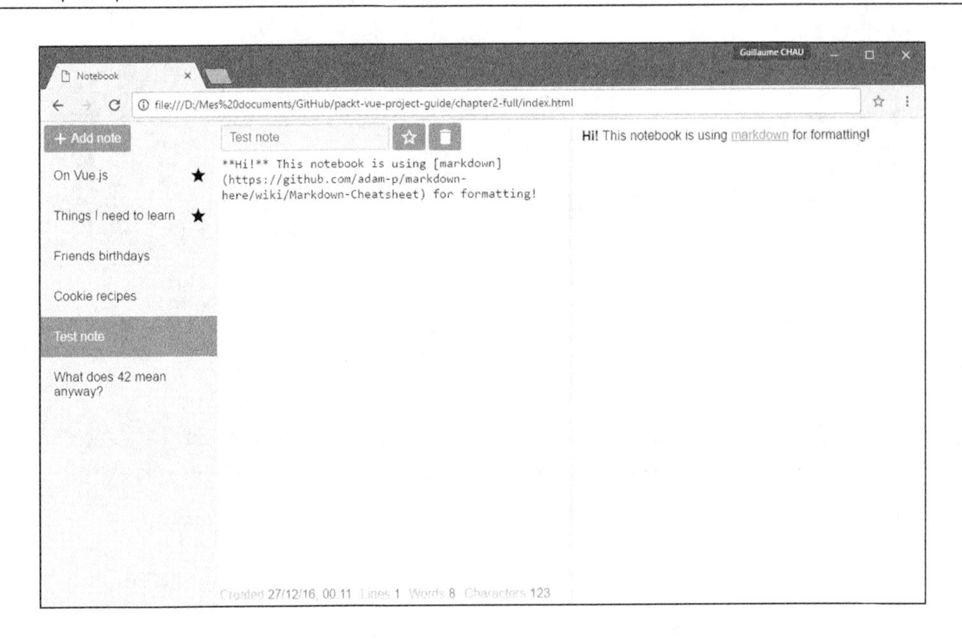

2.1　一个基本的笔记编辑器

现在我们将从一个非常简单的 Markdown 笔记本应用入手：只在左侧显示一个文本编辑器，在右侧显示 Markdown 实时预览。然后，再将应用扩展为支持多条笔记的完整笔记本。

2.1.1　项目设置

对于此项目，我们需要准备几个文件用于起步。

(1) 首先下载本章的源代码文件，解压到一个文件夹后打开 chapter2-simple。打开文件 index.html，添加一个 `div` 元素，其 `id` 为 `notebook`。然后添加一个 `section`，其 `class` 为 `main`。至此，index.html 文件看起来是这样的：

```
<html>
<head>
  <title>Notebook</title>
  <!-- 图标和样式表 -->
  <link href="https://fonts.googleapis.com/icon?
  family=Material+Icons" rel="stylesheet">
  <link rel="stylesheet" href="style.css" />
</head>
<body>
  <!-- 在页面中包含JavaScript 库 -->
  <script src="https://unpkg.com/vue/dist/vue.js"></script>

  <!-- 笔记本应用 -->
```

```
  <div id="notebook">

    <!-- 主面板 -->
    <section class="main">

    </section>

  </div>


  <!-- 一些 JavaScript 代码 -->
  <script src="script.js"></script>
</body>
</html>
```

(2) 现在打开 script.js 文件并添加一些 JavaScript 代码。如同第 1 章中一样，创建一个 Vue 实例，并利用 Vue 构造函数将实例挂载到#notebook 元素上。

```
// 新建一个 VueJS 实例
new Vue({
  // 根 DOM 元素的 CSS 选择器
  el: '#notebook',
})
```

(3) 然后，添加一个名为 content 的数据属性，用于保存笔记内容。

```
new Vue({
  el: '#notebook',

  // 一些数据
  data () {
    return {
      content: 'This is a note.',
    }
  },
})
```

至此，你已经可以创建第一个实际的 Vue 应用了。

2.1.2　笔记编辑器

应用现在可以运行了，接下来添加一个文本编辑器。我们使用一个简单的 textarea 元素，以及第 1 章介绍的 v-model 指令。

在 index.html 中创建一个 section 元素，在里面添加 textarea，然后在 textarea 中添加一个 v-model 指令，并绑定到 content 属性上：

```
<!-- 主面板 -->
<section class="main">
  <textarea v-model="content"></textarea>
</section>
```

现在，如果在笔记编辑器里面修改文字，可以在 Chrome 的开发者工具中看到 `content` 的值会自动改变。

`v-model` 指令不限于文本输入使用。它同样可以用于其他元素，例如勾选框、单选按钮，甚至自定义组件。本书的后面有相关介绍。

2.1.3　预览面板

为了将以 Markdown 编写的笔记转换为有效的 HTML，这里使用了一个名为 Marked 的第三方库。

(1) 在页面中，将 Marked 添加到引用 Vue 的`<script>`标签之后：

```
<!-- 在页面中包含库 -->
<script src="https://unpkg.com/vue/dist/vue.js"></script>
<!-- 添加 Marked 库： -->
<script src="https://unpkg.com/marked"></script>
```

Marked 使用起来非常简单，调用它的时候传入 Markdown 文本内容，它将会返回相应的 HTML。

(2) 用一些 Markdown 文本内容进行尝试：

```
const html = marked('**Bold** *Italic* [link] (http://vuejs.org/)')
console.log(html)
```

在浏览器的控制台可以看到如下输出：

```
<p><strong>Bold</strong> <em>Italic</em>
<a href="http://vuejs.org/">link</a></p>
```

1. 计算属性

计算属性是 Vue 提供的一个强大功能。通过它可以定义一个新的属性，而该属性可以结合任意多个属性，并做相关转换操作，例如将一个 Markdown 字符串转换为 HTML——这也是为什么要使用一个函数来定义它的值。计算属性具有下面几个特征：

- 计算属性的值基于它的依赖进行缓存，因此如果没有必要是不会重新运行函数的，从而有效防止无用的计算；
- 当函数中用到的某个属性发生了改变，计算属性的值会根据需要自动更新；
- 计算属性可以如其他普通属性一样使用（可以在其他的计算属性中使用计算属性）；
- 计算属性只有真正用于应用中时，才会进行计算操作。

计算属性可以帮助我们将 Markdown 格式的笔记自动转换为有效的 HTML，这样就可以实现笔记的实时预览。只需要在 computed 选项中声明我们的计算属性即可：

```
// 计算属性
computed: {
  notePreview () {
    // Markdown 渲染为 HTML
    return marked(this.content)
  },
},
```


2. 文本插值转义

现在使用文本插值将笔记显示到一个新面板中。

(1) 创建一个 class 为 preview 的 aside 元素，用来显示计算属性 notePreview 的值：

```
<!-- 预览面板 -->
<aside class="preview">
  {{ notePreview }}
</aside>
```

这样在应用的右侧就有一个用来显示笔记的预览面板了。如果在笔记编辑器中输入一些文本，可以看到预览面板中的内容会自动更新。但是，当使用 Markdown 格式时，应用会有一个问题。

(2) 利用**将文本加粗，如下所示：

```
I'm in **bold**!
```

对于上面的内容，计算属性应该返回有效的 HTML，并且我们应该能在预览面板中看到渲染了一些加粗的文字。但是，实际看到的内容是这样的：

```
I'm in <strong>bold</strong>!
```

可以看到文本插值自动将内容转义为 HTML 标签了。这样可以防止注入攻击，提升应用的安全性。好在有一种方法可以显示出 HTML 内容，我们稍后会看到。不过，这迫使你思考用这种方法会纳入存在潜在威胁的动态内容。

例如，你开发了一个评论系统，任意用户都可以在这个系统中写一些文字评论。如果有人在评论中写了一些 HTML，在页面中显示出有效的 HTML 内容，会怎么样呢？他们可以添加一些不怀好意的 JavaScript 代码，这样所有访问该系统的用户都会受到恶意代码的攻击。这类攻击称为跨站脚本攻击（XSS 攻击）。这就是为什么文本插值总是对 HTML 标签做转义处理。

在应用内，不建议使用 v-html 指令对用户提供的内容做 HTML 插值。这是因为用户可能会在<script>标签中编写不怀好意的、会被执行的 JavaScript 代码。当然，对普通文本做插值是安全的，因为 HTML 不会被执行。

3. 显示 HTML

现在我们知道文本插值出于安全考虑不会渲染 HTML，需要使用另外一种方法来渲染动态 HTML：v-html 指令。就像我们在第 1 章里看到的 v-model 指令一样，v-html 是一个给模板添加新功能的特殊属性。它能够在应用中渲染任意有效的 HTML 字符串。只需要把字符串以值的方式传入即可，如下所示：

```
<!-- 预览面板 -->
<aside class="preview" v-html="notePreview"> </aside>
```

现在，对 Markdown 的预览功能可以正常使用了，HTML 内容也能够动态地插入页面中。

aside 元素中的任意内容都将被 v-html 指令的值替代。可以利用这一点来放置占位符内容。

应该看到的运行效果如下所示。

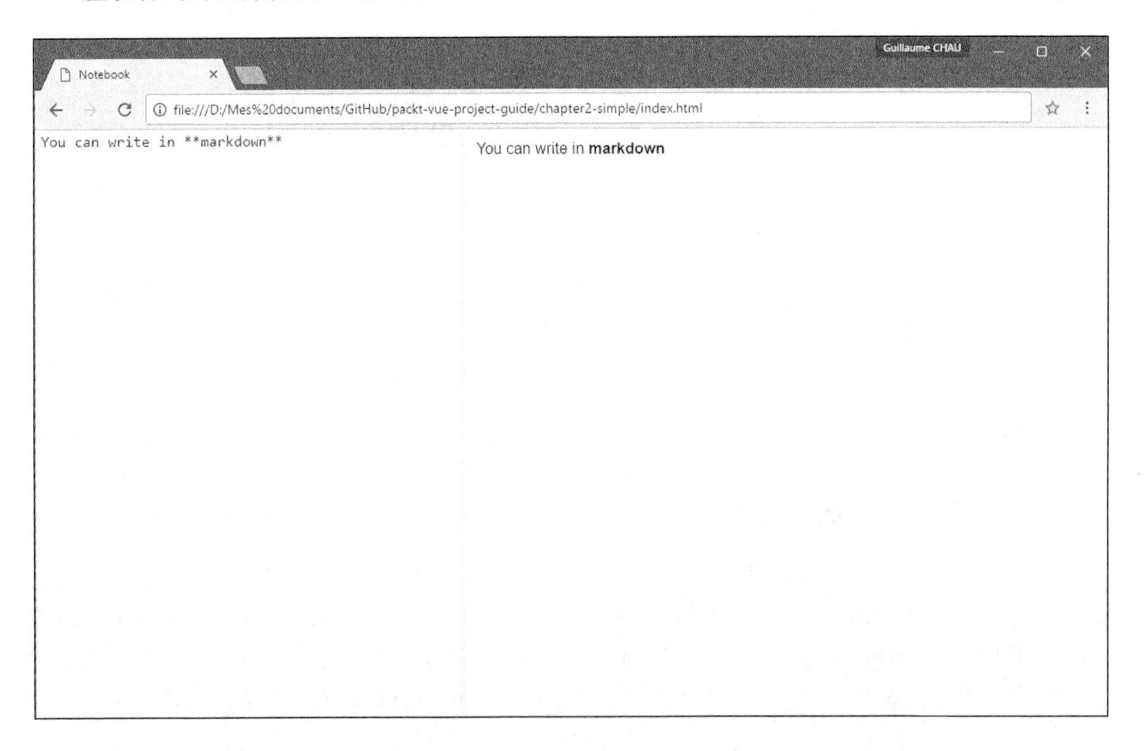

对于文本插值，v-text 是一个与 v-html 等效的指令。它的行为与 v-html 类似，只不过会对 HTML 标签做转义处理，形同典型的文本插值。

2.1.4 保存笔记

至此，如果关闭或者刷新应用，录入的笔记将会丢失。好的解决办法是将笔记内容保存起来，并在下次打开应用时加载。为了达到这一目的，这里将使用大多数浏览器都支持的 API `localStorage`。

2

1. 侦听改变

我们希望一旦笔记内容发生了改变，就对其做保存操作。因此这里利用 Vue 的**侦听器**（watcher）功能，当 `content` 数据属性发生改变时触发一些调用。下面就给我们的应用添加一些侦听器！

(1) 添加一个新的 `watch` 选项到 Vue 实例中。

`watch` 选项是一个字典，把被侦听属性的名字作为键，把侦听选项对象作为值。这个对象必须有一个 `handler` 属性，该属性可以是一个函数，也可以是一个方法的名字。这个处理函数将接收两个参数：被侦听属性的新值和旧值。

下面是一个简单的处理函数示例：

```
new Vue({
  // ...

  // 修改侦听器
  watch: {
    // 侦听 content 数据属性
    content: {
      handler (val, oldVal) {
        console.log('new note:', val, 'old note:', oldVal)
      },
    },
  },
})
```

现在，当在笔记编辑器中输入笔记时，可以在浏览器的控制台看到如下内容：

```
new note: This is a **note**! old note: This is a **note**
```

有了侦听器，每当笔记内容发生变化时，都能及时存储笔记。

还有另外两个选项可以和 `handler` 一起使用。

- `deep` 是一个布尔类型，告诉 Vue 以递归的方式侦听嵌套对象内部值的变化。因为我们只侦听字符串，所以该选项在此处没有什么作用。
- `immediate` 也是一个布尔类型，会立即触发调用处理函数，而不用等到属性值第一次变化时才调用。在我们的应用中，这也没有实际的意义，不过可以尝试一下看看效果。

这两个选项的默认值都是 false，所以不需要使用的时候，可以完全忽略它们。

(2) 给侦听器添加 immediate 选项：

```
content: {
  handler(val, oldVal) {
    console.log('new note:', val, 'old note:', oldVal)
  },
  immediate: true,
},
```

只要你刷新应用，就可以在浏览器控制台看到如下信息：

```
new note: This is a **note** old note: undefined
```

可以看到旧值是 undefined，这其实并不奇怪，因为侦听器处理函数是在 Vue 实例刚刚创建的时候首次调用。

(3) 实际上，我们在这里根本不需要这个选项，把它删除掉吧：

```
content: {
  handler(val, oldVal) {
    console.log('new note:', val, 'old note:', oldVal)
  },
},
```

由于我们没有使用任何选项，可以使用简写语法，忽略掉包含 handler 选项的对象：

```
content(val, oldVal) {
  console.log('new note:', val, 'old note:', oldVal)
},
```

当不需要其他选项（例如 deep 或 immediate）时，这是侦听器中最常用的语法。

(4) 现在使用 localStorage.setItem() API 来保存笔记内容：

```
content(val, oldVal) {
  console.log('new note:', val, 'old note:', oldVal)
  localStorage.setItem('content', val)
},
```

为了检查上面的代码是否有效，编辑笔记内容并打开浏览器的开发者工具。在 Application 或 Storage 选项卡（取决于使用的浏览器）里面，应该可以在 Local Storage 下找到一条新的内容。

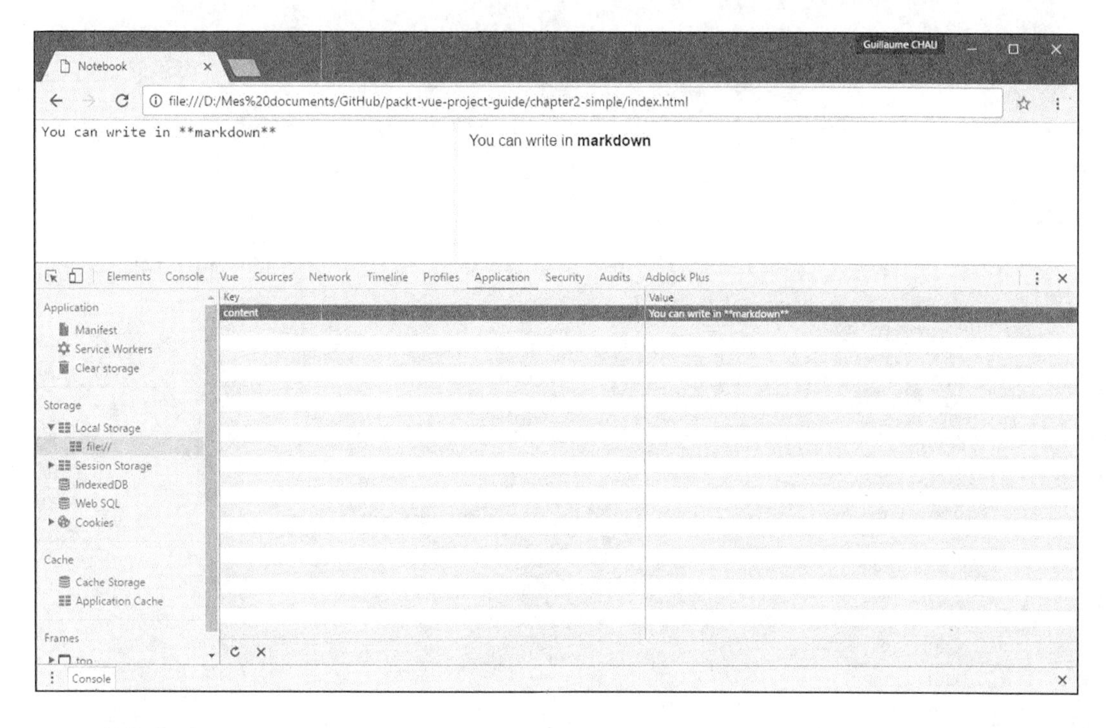

2. 复用方法

良好的编程准则之一就是：**不要重复自己**（DRY），也称为**一次仅且一次**（OAOO）。开发者应该遵守这个准则。因此可以把一些逻辑写在可复用的函数里面：`methods`。下面我们就把保存笔记的逻辑统一在一个地方。

(1) 给 Vue 实例添加一个新的 `methods` 选项，并在这里使用 `localStorage` API：

```
new Vue({
  // ...

  methods: {
    saveNote(val) {
      console.log('saving note:', val)
      localStorage.setItem('content', val)
    },
  },
})
```

(2) 现在可以在侦听器的 `handler` 选项中使用该方法名了：

```
watch: {
  content: {
    handler: 'saveNote',
  },
},
```

或者使用简写语法：

```
watch: {
  content: 'saveNote',
},
```

3. 访问 Vue 实例

在 methods 内部，可以通过 this 关键字访问 Vue 实例。例如，我们可以调用另外一个方法：

```
methods: {
  saveNote(val) {
    console.log('saving note:', val)
    localStorage.setItem('content', val)
    this.reportOperation('saving')
  },
  reportOperation(opName) {
      console.log('The', opName, 'operation was completed!')
  },
},
```

在这里，contentChanged 方法会调用 saveNote 方法。

通过 this 关键字，还可以访问 Vue 实例的其他属性或特殊函数。下面移除了 saveNote 方法的参数，直接访问 content 数据属性：

```
methods: {
  saveNote() {
    console.log('saving note:', this.content)
    localStorage.setItem('content', this.content)
  },
},
```

在侦听器的处理函数中同样可以直接通过 this 访问 Vue 实例的属性：

```
watch: {
  content(val, oldVal) {
    console.log('new note:', val, 'old note:', oldVal)
    console.log('saving note:', this.content)
    localStorage.setItem('content', this.content)
  },
},
```

基本上可以在任意函数（方法、处理函数或其他钩子）中使用 this 关键字访问 Vue 实例。

2.1.5　加载已保存的笔记

现在笔记内容每次改变都会进行保存操作，我们需要在应用重新打开的时候恢复数据。这里将使用 localStorage.getItem() API。将下面的代码添加到 JavaScript 文件的最后：

```
console.log('restored note:', localStorage.getItem('content'))
```

当刷新应用时，可以看到在浏览器控制台打印出了已经保存的笔记内容。

1. 生命周期钩子

将笔记内容恢复到 Vue 实例中的第一种方法就是在创建实例的时候设置 content 数据属性的内容。

每个 Vue 实例都严格遵循一个生命周期，包括多个环节：创建，挂载到页面，更新，最终被销毁。例如，在创建实例阶段，Vue 会将实例数据变成响应式数据。

钩子是一组特殊的函数，会在某个时间点被自动调用。这就允许我们自定义框架的逻辑。例如，可以在创建 Vue 实例时调用一个方法。

在每个环节之中或之前，有多个钩子可以用于执行逻辑。

- beforeCreate：在 Vue 实例被创建时（例如使用 new Vue({})）、完成其他事项之前调用。
- created：在实例准备就绪之后调用。注意，此时实例还没有挂载到 DOM 中。
- beforeMount：在挂载（添加）实例到 Web 页面之前调用。
- mounted：当实例被挂载到页面并且 DOM 可见时调用。
- beforeUpdate：当实例需要更新时（一般来说，是当某个数据或计算属性发生改变时）调用。
- updated：在把数据变化应用到模板之后调用。注意此时 DOM 可能还没有更新。
- beforeDestroy：在实例销毁之前调用。
- destroyed：在实例完全销毁之后调用。

目前，我们只使用 created 钩子来恢复笔记内容。要添加一个生命周期钩子，只需要将相应的名字作为函数添加到 Vue 实例选项中即可：

```
new Vue({
  // ...

  // 当实例准备就绪会调用这个钩子
  created() {
    // 将 content 设置为存储的内容
    // 如果没有保存任何内容则设置为一个默认字符串
  this.content = localStorage.getItem('content') || 'You can write in
** markdown ** '
  },
})
```

现在刷新应用，created 钩子会在实例创建时被自动调用。这将把 content 数据属性设置为恢复出来的数据；如果表达式结果为假值（之前没有保存过任何内容），则会设置为'You can write in **markdown**'。

在 JavaScript 中，如果值为 false、0、空字符串、null、undefined 或 NaN（不是一个数），则它就是假值。在浏览器的本地存储数据中，如果对应的键不存在，localStorage.getItem() 方法会返回 null。

之前设置过的侦听器同样会被调用，所以笔记内容将被保存。在浏览器控制台可以看到类似如下内容：

```
new note: You can write in **markdown** old note: This is a note
saving note: You can write in **markdown**
The saving operation was completed!
```

可以看出，当 created 钩子被调用时，Vue 已经设置好了数据属性及其初始值（这里是 This is a note）。

2. 在数据中直接初始化

另外一种方法就是用恢复出来的值直接初始化 content 数据属性：

```
new Vue({
  // ...
  data() {
    return {
      content: localStorage.getItem('content') || 'You can write in
**markdown**',
    }
  },

  // ...
})
```

上面的代码并不会触发侦听器处理函数的调用，因为这里是初始化 content 值，而不是改变它。

2.2 多条笔记

一个笔记本如果只支持一条笔记是没有什么意义的，下面就让它支持记录多条笔记。我们将在界面左侧添加一个新的侧边栏来呈现笔记列表，还要增加一些额外的元素，例如用于重命名笔记的文本框以及一个用于收藏笔记的开关按钮。

2.2.1 笔记列表

下面先添加一些基础性的内容，用于容纳笔记列表。

(1) 在主面板之前添加一个新的 aside 元素，其 class 为 side-bar：

```
<!-- 笔记本应用 -->
<div id="notebook">

  <!-- 侧边栏 -->
  <aside class="side-bar" >
    <!-- 这里将是笔记列表 -->
  </aside>

  <!-- 主面板 -->
  <section class="main" >
...
```

(2) 添加一个新的数据属性，名为 notes。该属性是一个数组，包含所有的笔记：

```
data() {
  return {
    content: ...
    // 新的！一个笔记数组
    notes: [],
  }
},
```

1. 添加新建笔记的方法

每一条笔记都是具有如下数据的对象。

- id：笔记的唯一标识符。
- title：笔记的标题，用来显示在笔记列表中。
- content：笔记的 Markdown 格式内容。
- created：笔记创建的日期。
- favorite：这是一个布尔值，用于表示是否收藏了笔记，已收藏的笔记显示在笔记列表的顶部。

下面添加一个名为 addNote 的方法，它会用默认值创建一个新的笔记对象：

```
methods: {
  // 用一些默认值添加一条笔记，并将其添加到笔记数组中
  addNote() {
    const time = Date.now()
    // 新笔记的默认值
    const note = {
      id: String(time),
      title: 'New note ' + (this.notes.length + 1),
      content: '**Hi!** This notebook is using
[markdown](https://github.com/adam-p/markdown-here/wiki/Markdown-Cheatsheet
) for formatting!',
      created: time,
      favorite: false,
```

```
    }
    // 添加到列表中
    this.notes.push(note)
  },
}
```

上面选取当前时间（也就是从 1970 年 1 月 1 日 00:00:00 UTC 开始经过的毫秒数）作为区分笔记的唯一标识符，这是一种不错的方式。此外，还设置了一些默认值，例如标题和一些内容，以及 created 日期和 favorite。最后，我们将该笔记添加到笔记数组属性中。

2. 用 v-on 实现按钮的单击事件

现在，我们需要添加一个按钮来调用这个方法。在一个 class 为 toolbar 的 div 元素中添加一个新的按钮元素：

```
<aside class="side-bar">
  <!-- 工具栏 -->
  <div class="toolbar">
    <!-- 添加笔记按钮 -->
    <button><i class="material-icons">add</i> Add note</button>
  </div>
</aside>
```

当用户单击按钮时，需要调用 addNote 函数。为此，这里使用了一个新的指令 v-on。该指令的值是一个函数，在该事件被触发时调用，而且该指令需要一个参数来告知监听的事件。你可能要问：如何传参数给指令？很简单！在指令名称后面添加一个冒号（:），然后写上参数就可以了，如下所示：

```
<button v-directive:argument="value">
```

在这里，我们使用 v-on 指令并用事件名称当作参数，也就是 click 事件。看起来是这样的：

```
<button v-on:click="callback">
```

当触发单击事件时，我们的按钮应该调用 addNote，所以继续修改之前添加的按钮：

```
<button v-on:click="addNote"><i class="material-icons">add</i> Add
note</button>
```

v-on 有一个可选的简写语法@，所以代码可以重构为：

```
<button @click="addNote"><i class="material-icons">add</i> Add
note</button>
```

至此，我们的按钮已经准备好了，可以尝试添加一些笔记。在应用中还看不到效果，不过在浏览器的开发者工具里可以注意到笔记列表的改变。

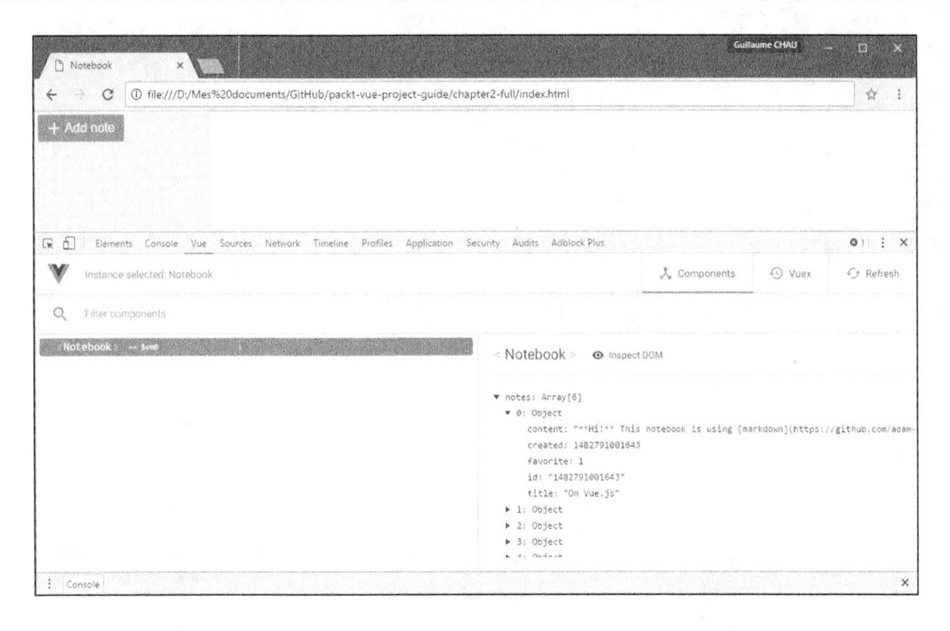

3. 用 v-bind 绑定属性

如果能在 Add note 按钮上用提示工具显示已经有多少条笔记就好了，不是吗？这样至少可以引入另外一个有用的指令！

只要用 HTML 属性 title 就可以添加提示工具了，如下所示：

```
<button title="3 note(s) already">
```

上面的代码仅支持静态文本，但是我们希望能够让提示工具随着笔记数目的变化而动态变化。好在通过 v-bind 指令可以将一个 JavaScript 表达式绑定到一个 HTML 属性上。就像 v-on 指令一样，需要给 v-bind 传入一个参数，也就是目标属性的名字。

我们用一个 JavaScript 表达式重写上面的代码：

```
<button v-bind:title="notes.length + ' note(s) already'">
```

现在，如果将鼠标悬停在按钮上，就可以看到已有笔记的数量。

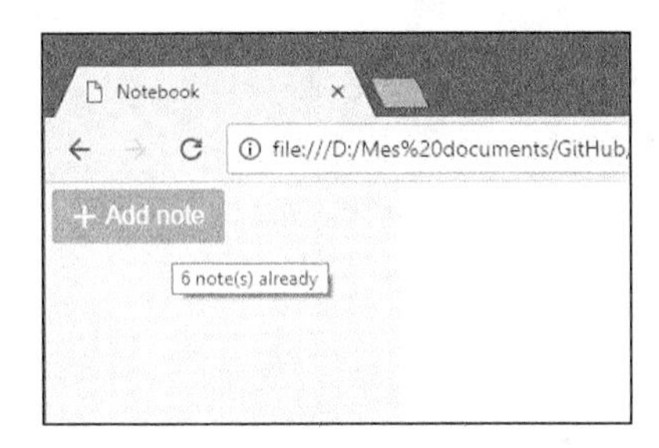

跟v-on一样，v-bind也有一个简写语法（这两个简写语法都很常用）：可以忽略掉v-bind，只用:和属性名。如下所示：

```
<button :title="notes.length + ' note(s) already'">
```

当需要更新属性值的时候，用v-bind指令绑定的JavaScript表达式会自动重新运算。

我们还可以把JavaScript表达式放到一个计算属性中来使用。计算属性看起来是这样的：

```
computed: {
  ...

  addButtonTitle () {
    return notes.length + ' note(s) already'
  },
},
```

接着重写绑定属性即可：

```
<button :title="addButtonTitle">
```

4. 用v-for显示列表

现在我们要在工具栏下面显示笔记列表。

(1) 在工具栏下面，添加一个新的div元素，其class为notes：

```
<aside class="side-bar">
  <div class="toolbar">
    <button @click="addNote"><i class="material-icons">add</i>Add note</button>
  </div>
  <div class="notes">
    <!-- 笔记列表显示在这里 -->
  </div>
</aside>
```

现在我们希望显示一个div元素列表，每行表示一条笔记。为此，需要一个v-for指令。该指令的值为一个特殊的表达式，格式为item of items。这将对items数组或对象进行迭代，然后将一个item值暴露给当前div使用。下面是一个示例：

```
<div v-for="item of items">{{ item.title }}</div>
```

也可以使用关键字in而非of：

```
<div v-for="item in items">{{ item.title }}</div>
```

假设有这样一个数组：

```
data() {
  return {
```

```
      items: [
        { title: 'Item 1' },
        { title: 'Item 2' },
        { title: 'Item 3' },
      ]
    }
  }
```

那么最终在 DOM 中渲染出的效果是这样的：

```
<div>Item 1</div>
<div>Item 2</div>
<div>Item 3</div>
```

可以看到，使用 v-for 指令的元素在 DOM 中重复出现了。

(2) 回到我们的笔记应用中，在侧边栏显示出笔记列表。因为笔记列表是存储在 notes 数据属性中的，所以只需要对其进行迭代即可：

```
<div class="notes">
  <div class="note" v-for="note of notes">{{note.title}}</div>
</div>
```

至此，我们可以在添加笔记的按钮下方看到笔记列表了。

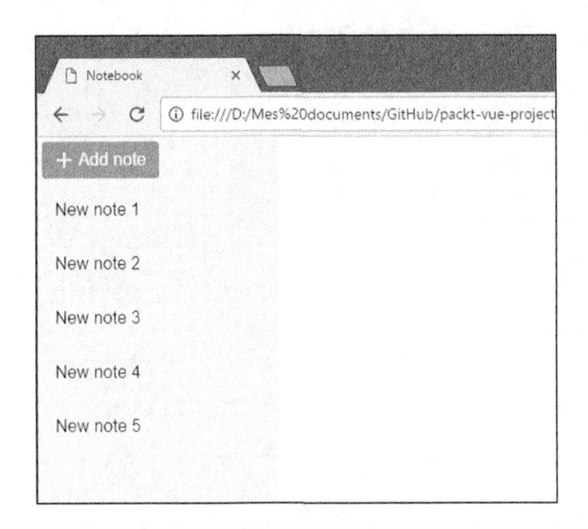

使用该按钮添加几条笔记，可以看到笔记列表会自动更新。

2.2.2 选中一条笔记

当选中一条笔记时，我们期望应用的中间和右侧面板都显示该笔记的相关信息：可以在文本编辑器修改选中笔记的内容，而预览面板则实时预览其 Markdown 格式效果。下面就来实现它吧！

(1) 添加一个新的数据属性，名为 selectedId，用来保存选中笔记的 ID：

```
data() {
  return {
    content: localStorage.getItem('content') || 'You can write in
    **markdown**',
    notes: [],
    // 选中笔记的 ID
    selectedId: null,
  }
},
```

也可以用一个 selectedNote 属性保存笔记对象，但是这会使保存逻辑变得复杂，不建议这样做。

(2) 这里需要一个新的方法，它会在我们单击一条笔记时被调用，以选择 ID。就叫它 selectNote 吧：

```
methods: {
  ...

  selectNote (note) {
    this.selectedId = note.id
  },
}
```

(3) 跟之前的添加笔记按钮一样，这里将使用 v-on 指令监听笔记列表中每条笔记的 click 事件：

```
<div class="notes">
  <div class="note" v-for="note of notes"
  @click="selectNote(note)">{{note.title}}</div>
</div>
```

现在，当单击一条笔记时，可以看到 selectedId 数据属性的变化。

1. 当前笔记

至此，我们知道当前选中的是哪条笔记，可以替换掉在刚开始创建的 content 数据属性了。使用计算属性可以方便地访问选中的笔记，下面就来创建一个。

(1) 添加一个名为 selectedNote 计算属性，返回 ID 与 selectedId 属性匹配的笔记：

```
computed: {
  ...

  selectedNote () {
    // 返回与 selectedId 匹配的笔记
    return this.notes.find(note => note.id === this.selectedId)
  },
}
```

note => note.id === this.selectedId 是 ES2015 JavaScript 中提供的箭头函数。这里，箭头函数的参数是 note，返回表达式 note.id === this.selectedId 的结果。

这里需要在代码中使用 selectedNote.content 替换老的 content 数据属性。

(2) 在模板中修改编辑器：

```
<textarea v-model="selectedNote.content"></textarea>
```

(3) 然后，在 notePreview 计算属性中使用 selectedNote：

```
notePreview () {
  // Markdown 转换为 HTML
  return this.selectedNote ? marked(this.selectedNote.content) :
  ''
},
```

现在，当单击笔记列表中的笔记时，笔记编辑器和预览面板将显示选中笔记的内容。

你可以放心地移除 content 数据属性、它的侦听器和 saveNote 方法了，之后不再使用。

2. 动态 CSS 类

当选中笔记列表中的一条笔记时，最好给选中的笔记添加一个 selected CSS 类（例如显示不同的背景色）。幸好 Vue 提供了一个非常有用的技巧来实现这种效果：v-bind 指令（简写是：）有一些技巧可以简化对 CSS 类的操作。可以给这个指令传入一个字符串数组，而不是一个字符串：

```
<div :class="['one', 'two', 'three']">
```

DOM 中的内容会是这样的：

```
<div class="one two three">
```

不过，最有趣的功能是，可以传入一个键是类名、值是布尔类型的字典对象，这个值决定了是否把每个类应用到元素中。下面是一个示例：

```
<div :class="{ one: true, two: false, three: true }">
```

这个对象会产生如下的 HTML：

```
<div class="one three">
```

在我们的应用中，希望只把 selected 类应用到选中的笔记上，所以对代码做如下简单的修改：

```
<div :class="{ selected: note === selectedNote }">
```

现在笔记列表的代码看起来是这样的：

```
<div class="notes">
  <div class="note" v-for="note of notes" @click="selectNote(note)"
  :class="{selected: note === selectedNote}">{{note.title}}</div>
</div>
```

可以把静态与动态的 class 属性结合起来。建议将非动态的类放到静态的属性中，因为 Vue 会对静态值做优化处理。

至此，当选中某条笔记时，其背景颜色会发生改变。

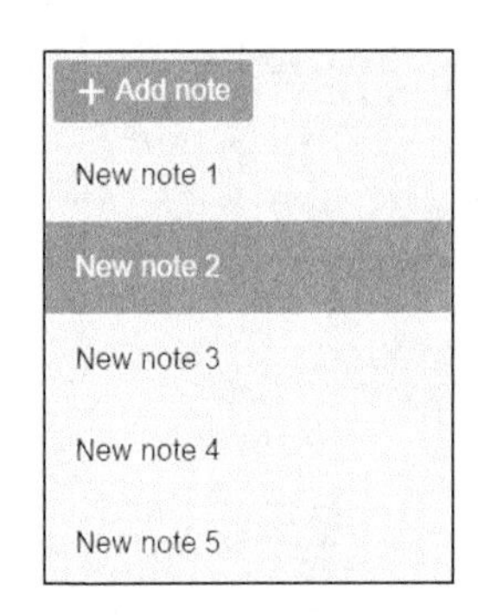

3. 条件模板 v-if

在测试程序之前，还有最后一件事情要做：如果没有选中任何笔记，主面板（笔记编辑器）和预览面板不应该显示出来。对于用户来说，显示出空白的笔记编辑器和预览面板没有什么实际意义，并且可能会由于 selectedNote 为 null 而引起程序崩溃。幸好，v-if 指令可以动态地决定哪些模板不应该出现。这个指令的工作原理与 JavaScript 中的关键字 if 类似，带有一个条件表达式。

在下面的示例中，由于 loading 属性是假值，div 元素将不会出现在 DOM 中：

```
<div v-if="loading">
  Loading...
</div>
```

此外，还有 v-else 和 v-else-if 这两个有用的指令，其工作方式与你的预期相同：

```
<div v-if="loading">
  Loading...
</div>

<div v-else-if="processing">
  Processing
</div>

<div v-else>
  Content here
</div>
```

回到我们的应用中，给主面板和预览面板添加 v-if="selectedNote"条件。这样在没有选择笔记的时候，它们就不会出现在 DOM 中：

```
<!-- 主面板 -->
<section class="main" v-if="selectedNote">
  ...
</section>

<!-- 预览面板 -->
<aside class="preview" v-if="selectedNote" v-html="notePreview">
</aside>
```

上面的代码重复使用了 v-if 指令，其实不太好，不过 Vue 已经为我们考虑到这个问题了。可以把这两个元素放在一个特殊的<template>标签里，这有点像 JavaScript 中的花括号：

```
<template v-if="selectedNote">
  <!-- 主面板 -->
  <section class="main">
    ...
  </section>

  <!-- 预览面板 -->
  <aside class="preview" v-html="notePreview">
  </aside>
</template>
```

至此，应用看起来如下图所示。

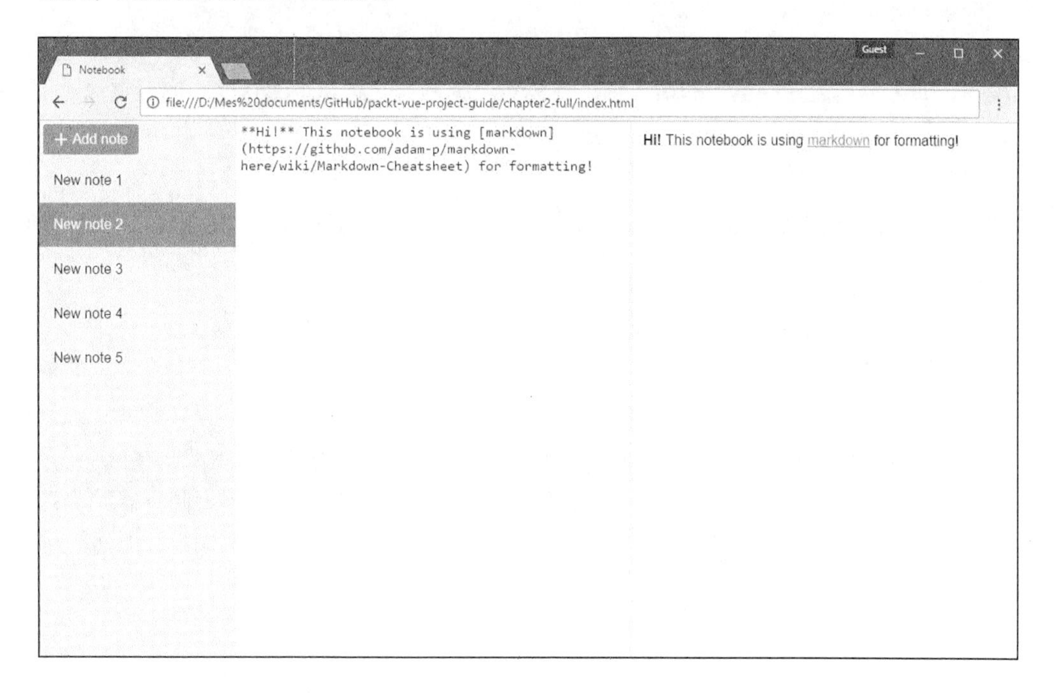

<template>标签不会出现在 DOM 中。它就像一个幽灵元素，用于对实际的元素进行重新组合。

4. 使用 deep 选项保存笔记

现在，我们希望能够在不同的会话之间保存和恢复笔记，跟之前对笔记内容所做的一样。

(1) 首先创建一个新的方法：saveNotes。由于无法使用 localStorage API（它只接收字符串）保存一个数组对象，需要用 JSON.stringify 把数组对象转换为 JSON 字符串：

```
methods: {
  ...
  saveNotes() {
    // 在存储之前不要忘记把对象转换为 JSON 字符串
    localStorage.setItem('notes', JSON.stringify(this.notes))
    console.log('Notes saved!', new Date())
  },
},
```

跟之前处理 content 属性时一样，这里也会侦听 notes 数据属性的变化。一旦发生变化，就触发 saveNotes 方法。

(2) 在 watch 选项中添加一个侦听器：

```
watch: {
  notes: 'saveNotes',
}
```

现在，如果你添加一些笔记的话，可以在浏览器控制台看到像下面这样的内容输出：

```
Notes saved! Mon Apr 42 2042 17:40:23 GMT+0100 (Paris, Madrid)
Notes saved! Mon Apr 42 2016 17:42:51 GMT+0100 (Paris, Madrid)
```

(3) 在 data 钩子中修改 notes 属性的初始化代码，从 localStorage 中加载保存的笔记列表：

```
data() {
  return {
    notes: JSON.parse(localStorage.getItem('notes')) || [],
    selectedId: null,
  }
},
```

到这里，当刷新应用时，最新添加的笔记也会被恢复出来。然而，如果修改某条笔记的内容，会发现这不会触发 notes 侦听器，也就不会保存相关的笔记内容。这是因为侦听器默认只侦听目标对象的直接变化：赋一个简单的值，在数组中添加、删除或移动某项。例如，下面的操作默认会被检测到：

```
// 赋值
this.selectedId = 'abcd'
```

```
// 在数组中添加或删除某项
this.notes.push({...})
this.notes.splice(index, 1)

// 数组排序
this.notes.sort(...)
```

但是，所有其他操作都不会触发侦听器，如下所示：

```
// 给某个属性或者嵌套对象赋值
this.myObject.someAttribute = 'abcd'
this.myObject.nestedObject.otherAttribute = 42

// 修改数组中某项的内容
this.notes[0].content = 'new content'
```

这种情况下，需要在侦听器上添加 deep 选项：

```
watch: {
  notes: {
    // 方法名
    handler: 'saveNotes',
    // 需要使用这个选项来侦听数组中每个笔记属性的变化
    deep: true,
  },
}
```

通过上面的代码，Vue 就能够递归地侦听 notes 数组中对象和属性的变化了。现在，如果在文本编辑器中输入一些内容，笔记列表会被保存：v-model 指令会修改选中笔记的 content 属性，而通过 deep 选项则可以触发保存方法 saveNotes 的调用。

5. 保存选中项

如果应用在再次打开的时候能够选择上次选中的笔记，对用户来说会非常方便。要实现这个功能，只需要保存并加载 selectedId 数据属性即可，该数据属性用于记录选中笔记的 ID。这里同样用侦听器来触发保存操作：

```
watch: {
  ...

  // 保存选中项
  selectedId (val) {
    localStorage.setItem('selected-id', val)
  },
}
```

同样，当属性初始化的时候，对值进行恢复：

```
data() {
  return {
```

```
    notes: JSON.parse(localStorage.getItem('notes')) || [],
    selectedId: localStorage.getItem('selected-id') || null,
  }
},
```

这样就完成了！现在，当刷新应用时，会自动选择上次离开时选中的笔记。

2.2.3　笔记工具栏

到现在，我们的应用还缺失一些功能，例如删除或重命名选中的笔记。下面就在新的工具栏中实现这些功能，该工具栏位于笔记编辑器上方。在主面板中添加一个 class 为 toolbar 的 div 元素：

```
<!-- 主面板 -->
<section class="main">
  <div class="toolbar">
    <!-- 新的工具栏添加在这里！ -->
  </div>
  <textarea v-model="selectedNote.content"></textarea>
</div>
```

我们将在工具栏中添加三个功能：

- 重命名笔记；
- 删除笔记；
- 收藏笔记。

1. 重命名笔记

这个功能相对来说是最简单的，只需要使用 v-model 指令将一个文本输入框与选中笔记的 title 属性绑定在一起就可以了。

在刚刚创建好的 div 元素中添加一个 input 元素，其中有 v-model 指令以及一个 placeholder 来提醒用户其功能：

```
<input v-model="selectedNote.title" placeholder="Note title" />
```

现在在笔记编辑器上方有了一个重命名笔记的字段，可以看到笔记列表中的笔记名字会随着输入的内容变化。

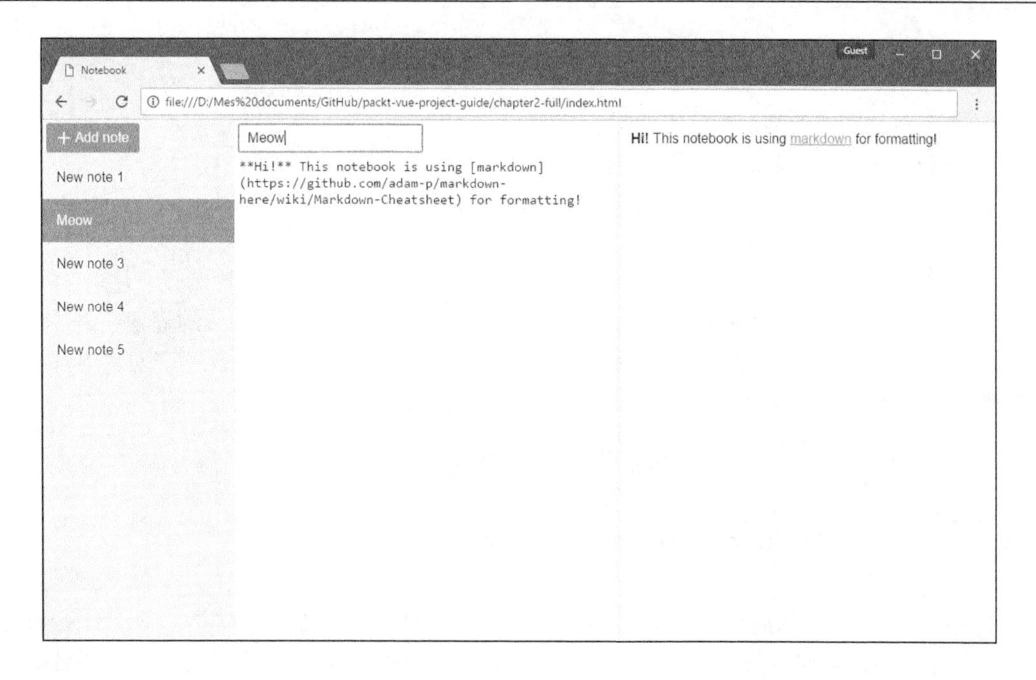

因为之前在 notes 侦听器中设置过 deep 选项，所以每当修改选中笔记的名字时，笔记列表都会被保存。

2. 删除笔记

这个功能稍微有点复杂，需要一个新的函数。

(1) 在重命名文本框后面添加一个 button 元素：

```
<button @click="removeNote" title="Remove note"><i
class="material-icons">delete</i></button>
```

上面的代码使用 v-on 的简写（@字符）来监听 click 事件，而这会调用 removeNote 方法（稍后实现）。同时，还给这个按钮设置了一个合适的图标。

(2) 添加一个 removeNote 方法，用于向用户确认删除操作，并使用 splice 标准数组方法将当前选中的笔记从 notes 数组中移除：

```
removeNote() {
  if (this.selectedNote && confirm('Delete the note?')) {
    // 将选中的笔记从笔记列表中移除
    const index = this.notes.indexOf(this.selectedNote)
    if (index !== -1) {
      this.notes.splice(index, 1)
    }
  }
}
```

现在，如果删除当前笔记时，会发生如下三件事情：

- 笔记将从左侧的笔记列表中移除；
- 笔记编辑器和预览面板会隐藏起来；
- 笔记列表将被保存（可以在浏览器控制台观察到）。

3.收藏笔记

最后一个工具栏功能是最复杂的。我们希望对笔记列表重新排序：收藏的笔记在最前面。为此，每条笔记都有一个布尔属性 `favorite`，用于一个开关按钮。另外，在笔记列表中将用一个星型图标标示出已经收藏的笔记。

(1) 在工具栏的删除按钮前面添加另外一个按钮：

```
<button @click="favoriteNote" title="Favorite note"><i
class="material-icons">{{ selectedNote.favorite ? 'star' :
'star_border' }}</i></button>
```

同样，使用 `v-on` 的简写来调用 `favoriteNote` 方法（稍后创建）。另外，还会根据当前选中笔记的 `favorite` 属性值显示一个图标：如果是 `true` 就显示一颗完整的星星，否则显示一个轮廓。

最终的结果看起来如下所示。

如果笔记没有被收藏，就显示左边的按钮。当单击该按钮时，就显示右边的按钮表示已收藏。

(2) 创建一个非常简单的 `favoriteNote` 方法，用于在选中笔记时反转 `favorite` 布尔属性：

```
favoriteNote() {
  this.selectedNote.favorite = !this.selectedNote.favorite
},
```

也可以用异或运算符（^）重写上面的代码：

```
favoriteNote() {
  this.selectedNote.favorite = this.selectedNote.favorite ^ true
},
```

还可以用更好的简写形式：

```
favoriteNote() {
  this.selectedNote.favorite ^= true
},
```

虽然现在可以切换收藏按钮了，但是还没有任何实际效果。

我们需要按照两个步骤对笔记列表进行排序：首先根据创建时间对所有笔记排序，然后把收藏的笔记排列在前面。这里可以使用标准数组方法 sort，它非常方便。该方法接收一个参数，而该参数是接收两个参数的函数，然后对这两个参数做比较。比较结果是一个数，如下所示。

- 0：两个参数相等。
- -1：第一个参数在第二个参数前面。
- 1：第一个参数在第二个参数后面。

并不一定使用数字 1，而是可以返回任意的数（正值或负值）。例如，如果返回的是-42，则结果与-1 一样。

第一步排序操作可以通过下面的减法代码完成：

```
sort((a, b) => a.created - b.created)
```

这里，对两条笔记的创建时间做比较。创建时间是按照毫秒存储的，取自 Date.now()。只需要对这两个时间值做减法：如果 a 的创建时间在 b 之前，则是负值；如果 a 的创建时间在 b 之后，则是正值。

第二步排序操作使用两个三元操作：

```
sort((a, b) => (a.favorite === b.favorite)? 0 : a.favorite? -1 : 1)
```

如果两条笔记都已收藏，则不改变它们的位置。如果仅收藏了 a，则返回一个负值，将其排到 b 的前面。如果仅收藏了 b，就返回一个正值，在笔记列表中将 b 放到 a 的前面。

最好的办法是创建计算属性 sortedNotes，这样就能通过 Vue 提供的机制对排序自动更新和缓存了。

(3) 创建一个新的计算属性 sortedNotes：

```
computed: {
  ...

  sortedNotes() {
    return this.notes.slice()
      .sort((a, b) => a.created - b.created)
      .sort((a, b) => (a.favorite === b.favorite) ? 0
        : a.favorite ? -1
        : 1)
  },
}
```

由于 sort 方法会直接修改源数组，这里使用 slice 方法创建新的副本。这样可以防止触发 notes 侦听器。

现在可以在显示笔记列表的 v-for 指令中使用 sortedNotes 替换 notes 了，这样就会如预期一样对笔记自动排序：

```
<div v-for="note of sortedNotes">
```

如果笔记已收藏，可以使用 v-if 指令显示一个星型图标。

```
<i class="icon material-icons" v-if="note.favorite">star</i>
```

(4) 修改笔记列表的最终代码是这样的：

```
<div class="notes">
  <div class="note" v-for="note of sortedNotes"
  :class="{selected: note === selectedNote}"
  @click="selectNote(note)">
    <i class="icon material-icons" v-if="note.favorite">
    star</i>
    {{note.title}}
  </div>
</div>
```

应用现在看起来如下所示。

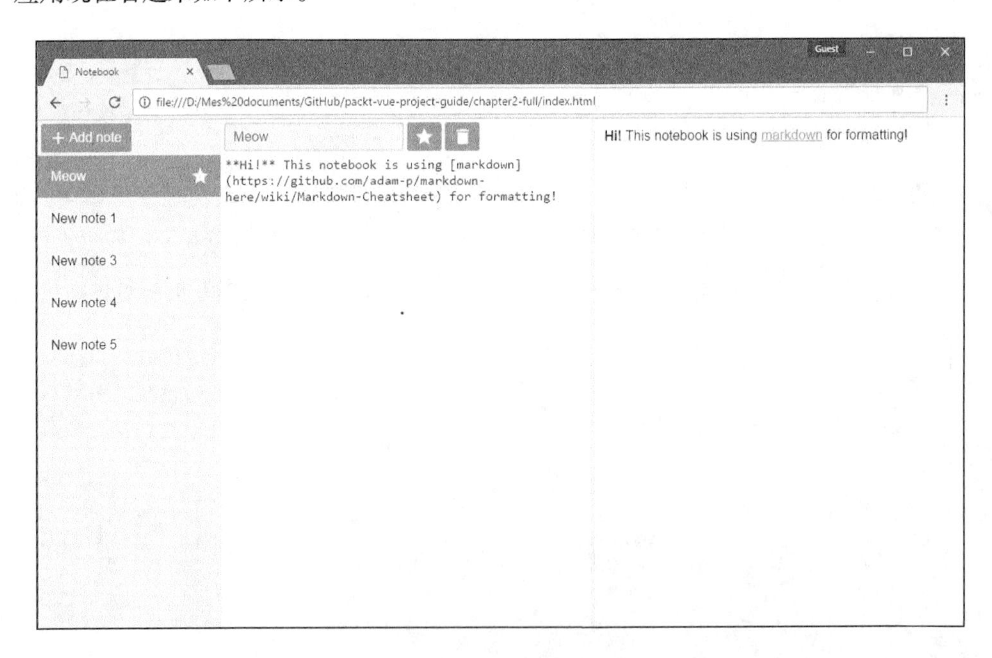

2.2.4　状态栏

最后，我们将给应用添加一个状态栏。状态栏位于笔记编辑器的底部，显示一些有用的信息：笔记的创建日期，以及总行数、单词数和字符数。

创建一个新的 div 元素，class 为 toolbar 和 status-bar，并将其放置在 textarea 元素的后面：

```
<!-- 主面板 -->
<section class="main">
  <div class="toolbar">
    <!-- ... -->
  </div>
  <textarea v-model="selectedNote.content"></textarea>
  <div class="toolbar status-bar">
    <!-- 新的状态栏在这里！ -->
  </div>
</section>
```


1. 创建日期过滤器

首先，我们要在状态栏显示选中笔记的创建日期。

(1) 在状态栏的 div 元素中，创建新的 span 元素，如下所示：

```
<span class="date">
  <span class="label">Created</span>
  <span class="value">{{ selectedNote.created }}</span>
</span>
```

现在，如果观察浏览器中的显示结果，可以看到一串数字（代表笔记创建日期的毫秒数）。

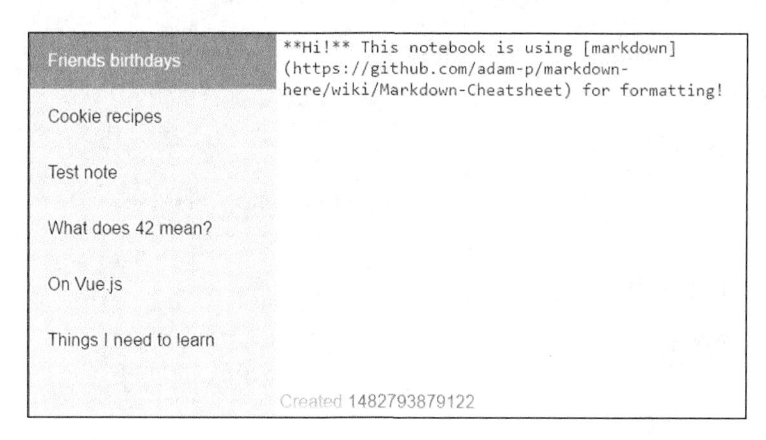

但是显示这样的数字对用户非常不友好！

我们需要引入新的库 momentjs 对日期进行格式化，以便显示的日期可读。momentjs 是一个流行的时间和日期操作库。

(2) 跟引入 marked 库的方式一样，在页面中引入 momentjs：

```
<script src="https://unpkg.com/moment"></script>
```

为了格式化日期，首先需要创建一个 moment 对象，然后使用它提供的 format 方法，如下所示：

```
moment(time).format('DD/MM/YY, HH:mm')
```

是时候引入本章中 Vue 的最后一个功能了：**过滤器**。过滤器主要用于模板内部，在数据展示之前或者传递给一个属性之前对其进行处理。例如，在模板中用一个大写过滤器将字符串转换为大写字母，或者用一个货币过滤器对货币进行即时转换。过滤器接收一个参数，即需要过滤器处理的值，并返回处理后的值。

因此，我们需要创建一个新的 date 过滤器，接收一个日期时间，然后返回人类可读的格式。

(3) 使用 Vue.filter 全局方法（不在 Vue 实例的创建代码中，比如位于文件开头）注册这个过滤器：

```
Vue.filter('date', time => moment(time)
  .format('DD/MM/YY, HH:mm'))
```

现在可以在模板中使用这个 date 过滤器显示日期了。语法为 JavaScript 表达式（跟之前使用过的一样）后跟一个管道操作符以及过滤器的名字：

```
{{ someDate | date }}
```

如果 someDate 包含一个日期，那么会在 DOM 中输出格式为 DD/MM/YY, HH:mm 的日期：

```
12/02/17, 12:42
```

(4) 修改状态模板：

```
<span class="date">
  <span class="label">Created</span>
  <span class="value">{{ selectedNote.created | date }}</span>
</span>
```

至此，可以在应用中看到一个友好的日期格式了。

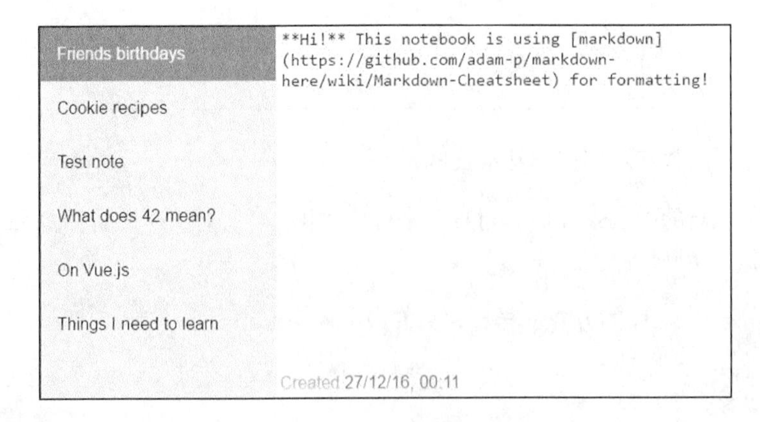

2. 文本统计

最后，我们希望显示“面向作者”的统计数据：行数、单词数和字符数。

(1) 先针对这 3 类数据创建 3 个计算属性，然后使用一些正则表达式做数据统计：

```
computed: {
  linesCount () {
    if (this.selectedNote) {
      // 计算换行符的个数
      return this.selectedNote.content.split(/\r\n|\r|\n/).length
    }
  },

  wordsCount () {
    if (this.selectedNote) {
      var s = this.selectedNote.content
      // 将换行符转换为空格
      s = s.replace(/\n/g, ' ')
      // 排除开头和结尾的空格
      s = s.replace(/(^\s*)|(\s*$)/gi, '')
      // 将多个重复空格转换为一个
      s = s.replace(/\s\s+/gi, ' ')
      // 返回空格数量
      return s.split(' ').length
    }
  },

  charactersCount () {
    if (this.selectedNote) {
      return this.selectedNote.content.split('').length
    }
  },
}
```

这里增加了一些条件判断，以防在没有选中笔记时执行相关代码。这样可以避免程序在某些时候崩溃。比如在使用 Vue 开发者工具检查应用时，因为这会对所有的属性做计算。

(2) 现在可以添加 3 个新的 span 元素用于统计，并使用相应的计算属性：

```
<span class="lines">
  <span class="label">Lines</span>
  <span class="value">{{ linesCount }}</span>
</span>
<span class="words">
  <span class="label">Words</span>
  <span class="value">{{ wordsCount }}</span>
</span>
<span class="characters">
  <span class="label">Characters</span>
  <span class="value">{{ charactersCount }}</span>
</span>
```

最终，状态栏看起来如下所示。

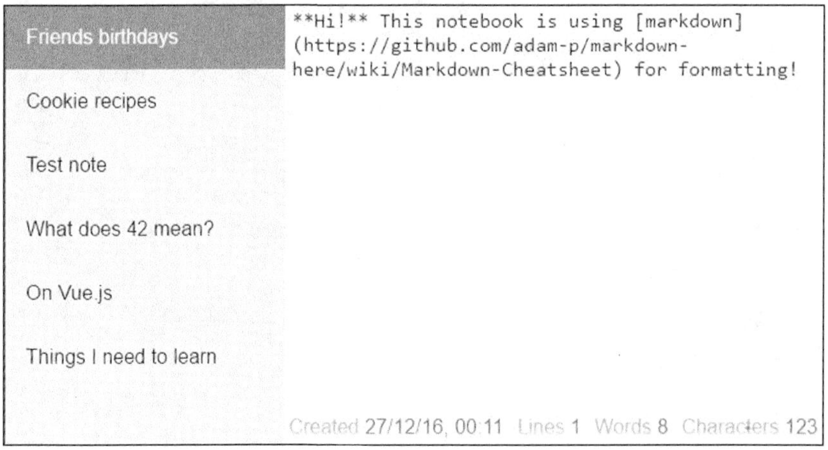

Friends birthdays
Cookie recipes
Test note
What does 42 mean?
On Vue.js
Things I need to learn

Hi! This notebook is using [markdown](https://github.com/adam-p/markdown-here/wiki/Markdown-Cheatsheet) for formatting!

Created 27/12/16, 00:11 Lines 1 Words 8 Characters 123

2.3 小结

本章创建了第一个真正的 Vue 应用，并实现了一些有用的功能，比如实时预览 Markdown、笔记列表，以及笔记的本地存储。我们介绍了 Vue 的一些重要功能，比如会按需自动更新和缓存的计算属性，复用函数中逻辑的 `methods`，在属性发生变化时触发相关代码的侦听器，创建 Vue 实例时执行代码的生命周期钩子，以及在模板中轻松处理数据的过滤器。同时，我们还在模板中使用了大量的 Vue 指令，比如利用 `v-model` 进行表单输入的绑定，利用 `v-html` 在 JavaScript 属性中显示动态 HTML，利用 `v-for` 迭代元素和显示列表，利用 `v-on`（或`@`）来监听事件，利用 `v-bind`（或`:`）动态地绑定 HTML 属性到 JavaScript 表达式或者动态地应用 CSS 类，以及利用 `v-if` 根据 JavaScript 表达式判断是否包含部分模板内容。我们把所有这些技术点集成到了一个功能相当完整的 Web 应用中，是 Vue 的优秀功能帮助我们高效地完成了工作。

下一章将开始一个新的项目：一个基于卡牌的浏览器游戏。在这个新项目中，我们将介绍一些新的 Vue 功能，并在恰当的地方复用之前学过的技能，继续构建出更好、更漂亮的 Web 应用。

第 3 章

项目 2：城堡决斗游戏

本章将创建一个完全不同的应用：一个基于浏览器的游戏。该游戏包含两名玩家，每名玩家控制一座城堡，利用手里的行动卡牌将对方的食物或生命值降为 0，以达到摧毁对方城堡的目的。

在本项目以及下一个项目中，我们将把应用分割成各种可复用的组件。组件是应用框架的核心，应用涉及的所有 API 都围绕这一理念来构建。我们将看到如何定义和使用组件，以及如何让这些组件相互通信。这样，应用的结构会更加合理。

3.1 游戏规则

下面是游戏中要实现的规则：

- 两名玩家轮流出牌；
- 游戏开始时每名玩家有 10 点生命值、10 份食物和 5 张手牌；
- 玩家最高生命值为 10 点，食物最多 10 份；
- 当玩家的食物或生命值为 0 时就失败了；
- 两名玩家都可能在平局中失败；
- 在每个回合中，玩家能做的操作就是打出一张牌，将其放到弃牌堆中；
- 在每个回合开始，玩家从抽牌堆中摸一张牌（第一回合除外）；
- 根据前面两条规则，玩家在每个回合开始的时候都有 5 张牌；
- 当玩家摸牌时，如果抽牌堆空了，将会把弃牌堆中的牌重新放进抽牌堆；
- 卡牌可以改变玩家自己或对手的生命值和食物点数；
- 有些卡牌还可以让玩家跳过当前回合。

游戏的玩法是，玩家在每个回合只能且必须出一张牌，并且大多数牌都会带来负面效果（最常见的就是减少食物点数）。所以在出牌之前需要思考你的策略。

应用由两层组成：一层是游戏世界，用来绘制游戏对象，如场景和城堡等；另一层是用户界面。

游戏世界包括两座相对而立的城堡、高台，以及有云朵飘动的天空。每座城堡有两面旗帜：绿色旗帜代表玩家的食物（左侧），红色旗帜代表玩家的生命值（右侧）。在旗帜旁边有两个小气泡用来显示剩余的食物和生命值。

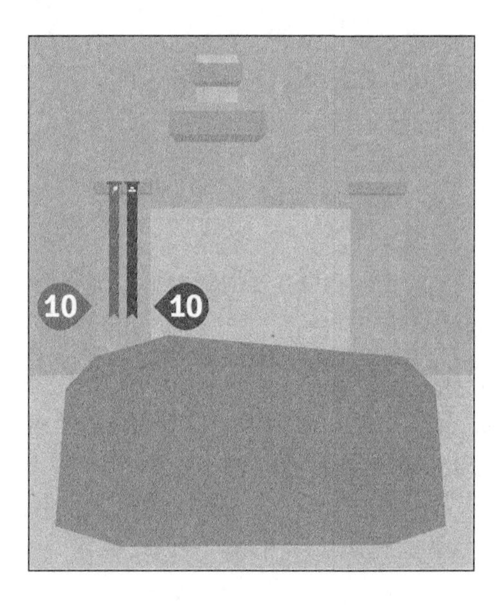

对于用户界面，顶部有一个顶栏，用来显示游戏回合数和两名玩家的姓名。在屏幕的底部，将显示当前玩家的手牌。

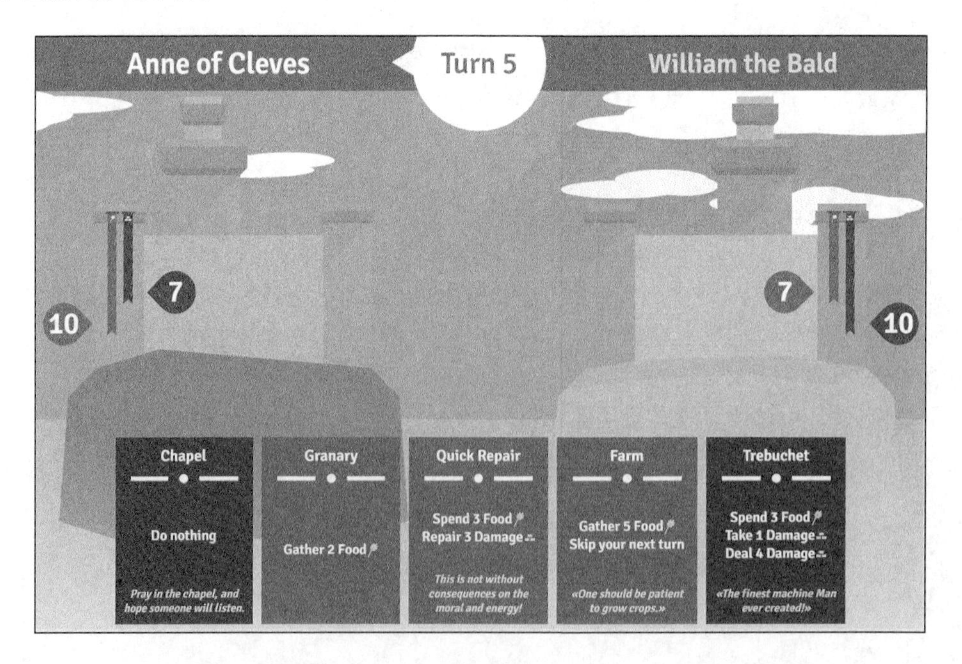

除此之外，还有一些浮层界面会定时出现并隐藏玩家手牌，其中一个浮层会显示下一回合玩家的姓名。

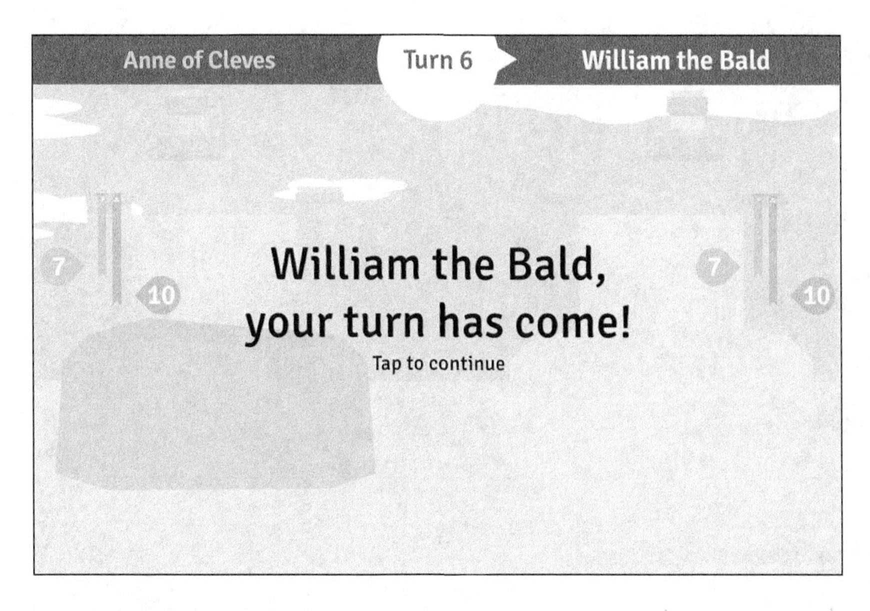

随着上一个浮层的消失，会出现第二个浮层，显示上一回合对手出的牌。这样两名玩家就能在同一个屏幕上（例如在平板电脑上）玩游戏了。

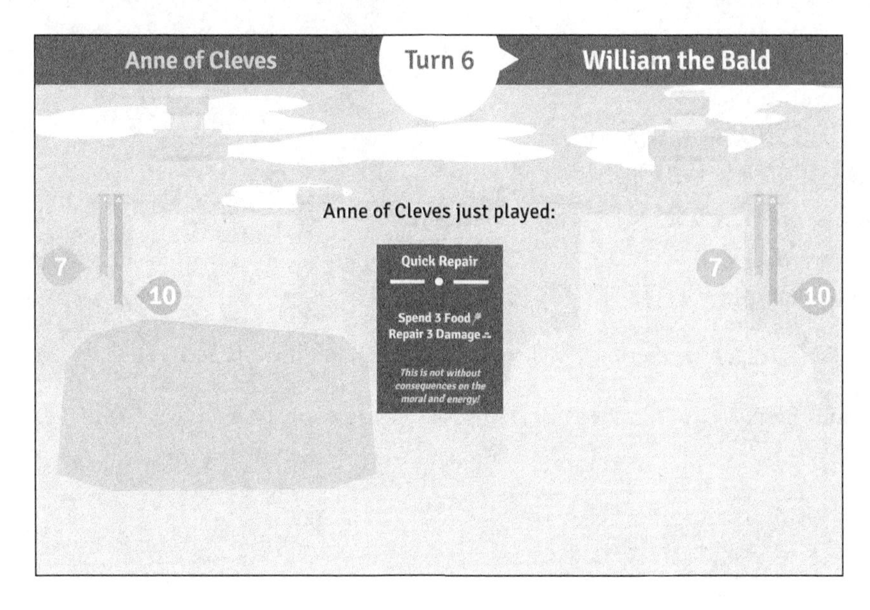

第三个浮层是在游戏结束时显示玩家的输赢情况。点击这个浮层，会重新加载界面，以便玩家开始新的游戏。

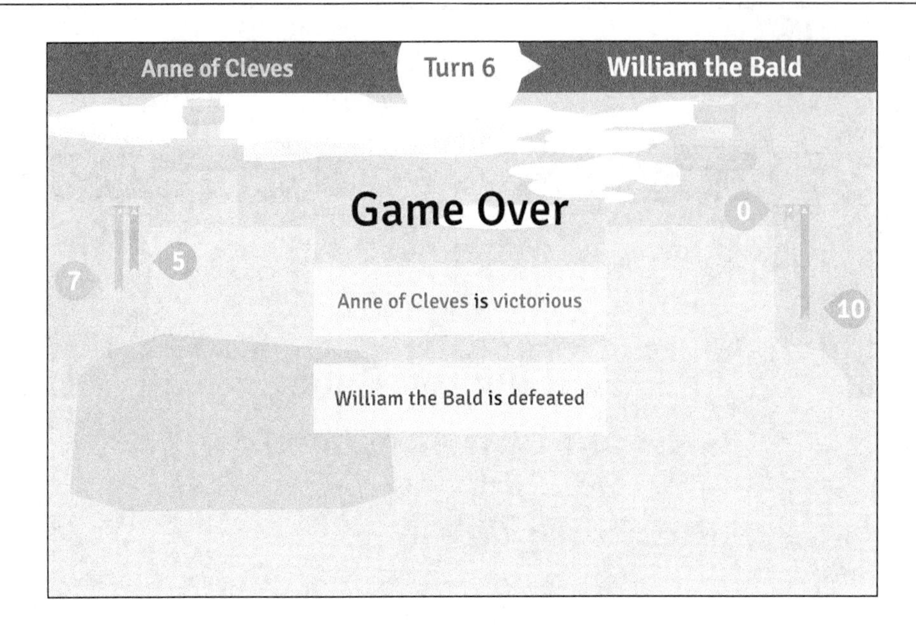

3.2　项目设置

下载第3章的源代码文件，并将项目解压到一个空文件夹中。解压后，该文件夹将包含如下内容。

- index.html：Web页面
- style.css：CSS文件
- svg：包含游戏中所有的SVG图像
- cards.js：准备使用的所有卡牌数据
- state.js：在这里整合了游戏的主要数据属性
- utils.js：在这里编写一些有用的函数
- banner-template.svg：稍后使用这个文件中的内容

我们将从最主要的JavaScript文件开始：创建一个名为main.js的文件。

打开index.html文件，在state.js的后面添加一个`script`标签用来引用刚刚创建的main.js。

```
<!-- 脚本 -->
<script src="utils.js"></script>
<script src="cards.js"></script>
<script src="state.js"></script>
<script src="main.js"></script>
```

在main.js文件中创建应用的主Vue实例：

```
new Vue({
  name: 'game',
  el: '#app',
})
```

至此，一切准备就绪！

3.3 暴风雨前的平静

本节将介绍一些 Vue 的新功能，例如组件、属性和事件的触发。这些功能有助于游戏应用的开发。

3.3.1 模板选项

在 index.html 文件中有一个 `#app` 元素，里面是空的。实际上，我们并不需要在里面写任何内容。相反，我们会在创建 Vue 实例时，直接使用模板选项。下面就试一下模板的用法：

```
new Vue({
  name: 'game',
  el: '#app',

  template: `<div id="#app">
    Hello world!
  </div>`,
})
```

在上面的代码中，我们使用了一种新的 JavaScript 字符串。它通过反引号（`）允许我们直接使用多行文本，无须编写各种字符串连接符。

现在运行应用，可以看到文本 `Hello world!`。正如你所猜测的，我们并不在之前的`#app` 中内嵌模板。

3.3.2 应用的 state

正如之前所说，state.js 文件用于统一存放应用的主要数据。这样方便编写游戏的逻辑函数，不会因为需要大量方法而污染定义对象。

(1) state.js 文件中定义了一个 `state` 变量，将用于存放应用中的数据。可以直接将其当作 `data` 选项使用，如下所示：

```
new Vue({
  // ...
  data: state,
})
```

现在，如果打开开发者工具，可以看到已经在state对象中声明的数据属性。

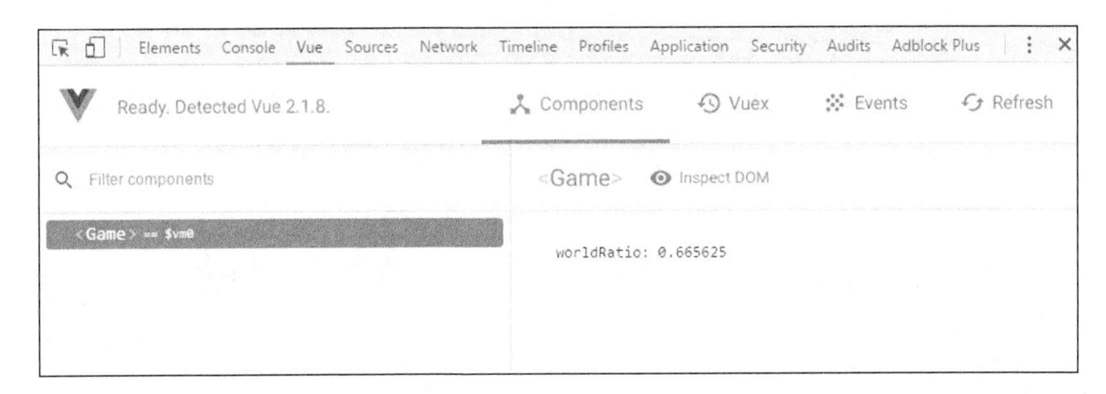

`worldRatio` 是一个数，表示需要将游戏中的对象调整为多大比例来适配浏览器窗口。例如，`.6` 表示需要把界面和对象缩放为原始尺寸的60%。这个数是通过utils.js中的方法 `getWorldRatio` 计算出来的。

这里还少做了一件事情：当窗口大小发生变化时，并不会重新计算 `worldRatio` 的值。这需要我们自己来实现。在Vue实例构造器之后，添加一个事件监听器到 `window` 对象中，监听浏览器窗口大小的变化。

(2) 在处理函数中，更新state的 `worldRatio` 数据属性。同时还可以在模板中显示出 `worldRatio` 的值：

```
new Vue({
  name: 'game',
  el: '#app',

  data: state,

  template: `<div id="#app">
    {{ worldRatio }}
  </div>`,
})

// 窗口大小变化的处理
window.addEventListener('resize', () => {
  state.worldRatio = getWorldRatio()
})
```

试着改变浏览器窗口的宽度，Vue应用中的 `worldRatio` 数据属性会更新。

稍等！我们修改的是state对象，而不是Vue实例。

没错！我们已经将state对象设置为Vue实例的 `data` 属性了。也就是说，Vue可以对其做出响应。稍后可以看到，我们可以通过修改状态的属性来更新应用。

(3) 为了确保状态是应用的响应式数据，可以比较一下实例数据对象和全局 state 对象：

```
new Vue({
  // ...
  mounted() {
    console.log(this.$data === state)
  },
})
```

可以看出，它们是同一个对象：之前设置的 `data` 选项。因此当进行下面的操作时：

```
this.worldRatio = 42
```

也做了下面的操作：

```
this.$data.worldRatio = 42
```

实际上，这和下面一样：

```
state.worldRatio = 42
```

通过 state 对象来更新游戏数据，对于游戏函数的编写非常有好处。

3.3.3 万能的组件

组件是构建本章应用的基础模块，是 Vue 应用的核心概念。组件是视图的一个个小部分，因此相对来说应该比较小、可复用，并且尽可能地自给自足。采用组件构建应用有助于应用的维护和升级，特别是当应用规模变大之后。实际上，这已经成为了高效、可控地开发大型 Web 应用的标准方法。

具体而言，你的应用将是由许多小型组件构成的一棵大树。

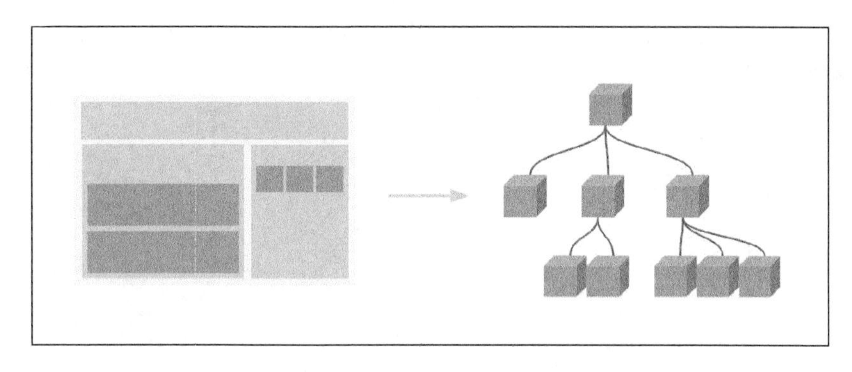

例如，你的应用中可能有一个表单组件，其中包括一些输入组件和按钮组件。每个组件都是用户界面中非常具体的一部分，并且在整个应用中都是可复用的。由于组件的作用范围很小，所以很容易理解和推测，遇到问题时候也更容易维护（修复问题）和升级。

3.4 构建用户界面

我们首先要创建的组件是用户界面的一部分。用户界面主要包括顶栏（显示玩家姓名和回合数），卡牌的名称和描述，当前玩家的手牌列表，以及三个浮层界面。

3.4.1 第一个组件：顶栏

我们的第一个组件是顶栏，它位于页面顶部。顶栏两边显示玩家的姓名，中间显示回合数，并用箭头指向在当前回合行动的玩家姓名。

顶栏如下图所示。

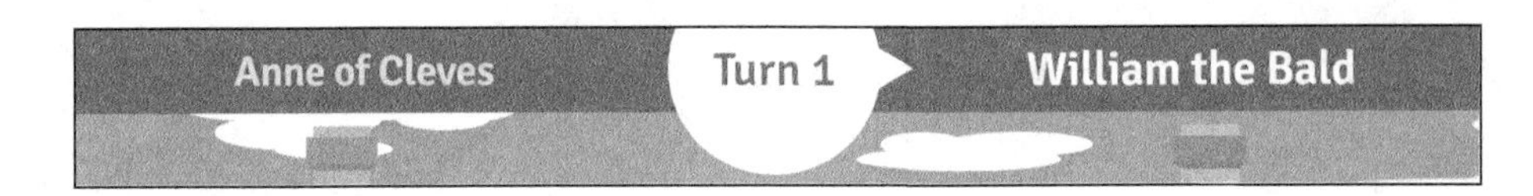

1. 添加一些游戏数据到 state 中

在创建组件之前，需要添加一些新的数据属性。

- turn：当前回合数，从 1 开始计数
- players：玩家对象的数组
- currentPlayerIndex：当前玩家在 players 数组中的索引

将上面这些属性添加到 state.js 文件的 state 中：

```
// 应用状态集合
var state = {
  // 世界
  worldRatio: getWorldRatio(),
  // 游戏
  turn: 1,
  players: [
    {
      name: 'Anne of Cleves',
    },
    {
      name: 'William the Bald',
    },
  ],
  currentPlayerIndex: Math.round(Math.random()),
}
```

Math.round(Math.random())方法将随机使用 0 或 1 来决定谁先行动。

我们将使用这些属性将玩家姓名和回合数显示在顶栏中。

2. 定义和使用组件

我们将在新的文件中定义 UI 组件。

(1) 创建一个 components 文件夹，并在里面创建一个新的 ui.js 文件。然后在 index.html 中引用这个 ui.js 文件（位于引用 main.js 的 script 之前）：

```
<!-- 脚本 -->
<script src="utils.js"></script>
<script src="cards.js"></script>
<script src="state.js"></script>
<script src="components/ui.js"></script>
<script src="main.js"></script>
```


我们将在这个文件中对组件进行注册，所以主 Vue 实例应该在引入它之后创建，而不是之前。否则，会提示找不到组件。

可以使用全局函数 Vue.component()来注册组件。该函数接收两个参数：一个是注册组件的名称，另一个则是组件的定义对象本身，它与 Vue 实例使用相同的选项。

(2) 下面在 ui.js 中创建 top-bar 组件：

```
Vue.component('top-bar', {
  template: `<div class="top-bar">
    Top bar
  </div>`,
})
```

现在可以在模板中使用 top-bar 组件了，用法跟使用其他 HTML 标签一样，例如 <top-bar>。

(3) 在主模板中，添加一个新的 top-bar 标签：

```
new Vue({
  // ...
  template: `<div id="#app">
    <top-bar/>
    </div>`,
})
```

模板将会使用我们刚刚定义的定义对象创建一个新的 top-bar 组件，并将其渲染到#app 元素内部。如果现在打开开发者工具的话，可以看到两个实体。

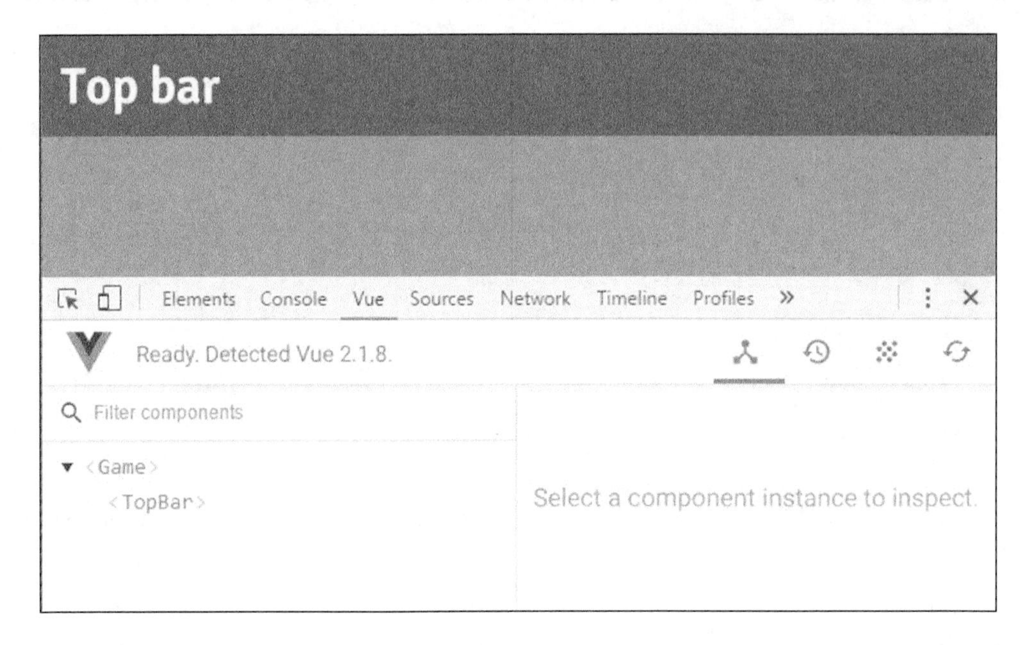

每个实体都是一个 Vue 实例。实际上，Vue 利用我们为 `top-bar` 组件提供的定义创建出了第二个实例。

3. 使用 prop 进行父组件到子组件的通信

在 3.3.3 节中，我们已经看到基于组件的应用有一棵组件树，现在则需要让各个组件之间相互通信。我们目前只关注父组件到子组件的通信。这一过程是通过 prop 来完成的。

`top-bar` 组件需要知道有哪些玩家，当前行动的玩家是谁，以及当前回合数。所以这里需要 3 个 prop：`players`、`currentPlayerIndex` 和 `turn`。

利用 `props` 选项可以将 prop 添加到组件的定义中。现在，我们只是简单地列出 prop 的名字。不过你应该知道，不只可以用简单的数组，还可以用对象来代替。随后几章将介绍相关内容。

(1) 将 prop 添加到组件中：

```
Vue.component('top-bar', {
  // ...
  props: ['players', 'currentPlayerIndex', 'turn'],
})
```

在父组件中，也就是根应用中，设置 prop 值的方式与设置 HTML 属性一样。

(2) 在主模板中，使用 `v-bind` 简写语法将应用的数据绑定到 prop 值上。

```
<top-bar :turn="turn" :current-player-index="currentPlayerIndex"
:players="players" />
```

注意，由于 HTML 是不区分大小写的，建议对 prop 的名字使用短横线命名方法（kebab-case），而在 JavaScript 代码中使用驼峰式命名方法（camel-case）。

现在，在 top-bar 组件中可以使用 prop 了，用法跟使用数据属性一样。例如，可以像下面这样写一些代码：

```
Vue.component('top-bar', {
  // ...
  created() {
    console.log(this.players)
  },
})
```

上面的代码会在浏览器控制台打印出从父组件（应用）传递过来的 players 数组。

4. 模板中的 prop

下面在 top-bar 组件的模板中使用 prop。

(1) 修改 top-bar 模板，通过 players prop 显示玩家姓名。

```
template: `<div class="top-bar">
  <div class="player p0">{{ players[0].name }}</div>
  <div class="player p1">{{ players[1].name }}</div>
</div>`,
```

从上面的代码可以看出，在模板中，prop 的使用方法与属性一样。现在，可以看到应用中显示了玩家的姓名。

(2) 接着使用 turn prop 在玩家之间显示回合数：

```
template: `<div class="top-bar">
  <div class="player p0">{{ players[0].name }}</div>
  <div class="turn-counter">
  <div class="turn">Turn {{ turn }}</div>
  </div>
  <div class="player p1">{{ players[1].name }}</div>
  </div>`,
```

另外，我们还希望显示一个大的箭头，用来醒目地指出当前玩家。

(3) 在 .turn-counter 元素中添加一个箭头图像，并利用 v-bind 简写语法（第 2 章中介绍过）结合 currentPlayerIndex prop 添加一个动态类。

```
template: `<div class="top-bar" :class="'player-' +
currentPlayerIndex">
  <div class="player p0">{{ players[0].name }}</div>
  <div class="turn-counter">
    <img class="arrow" src="svg/turn.svg" />
    <div class="turn">Turn {{ turn }}</div>
```

```
    </div>
    <div class="player p1">{{ players[1].name }}</div>
  </div>`,
```

至此，应用顶栏的功能已经开发完成：显示两个玩家姓名，并在中间显示游戏当前的回合数。可以在浏览器控制台输入下面的命令，测试一下 Vue 的自动响应功能：

```
state.currentPlayerIndex = 1
state.currentPlayerIndex = 0
```

现在你可以看到箭头能够指向正确的玩家。

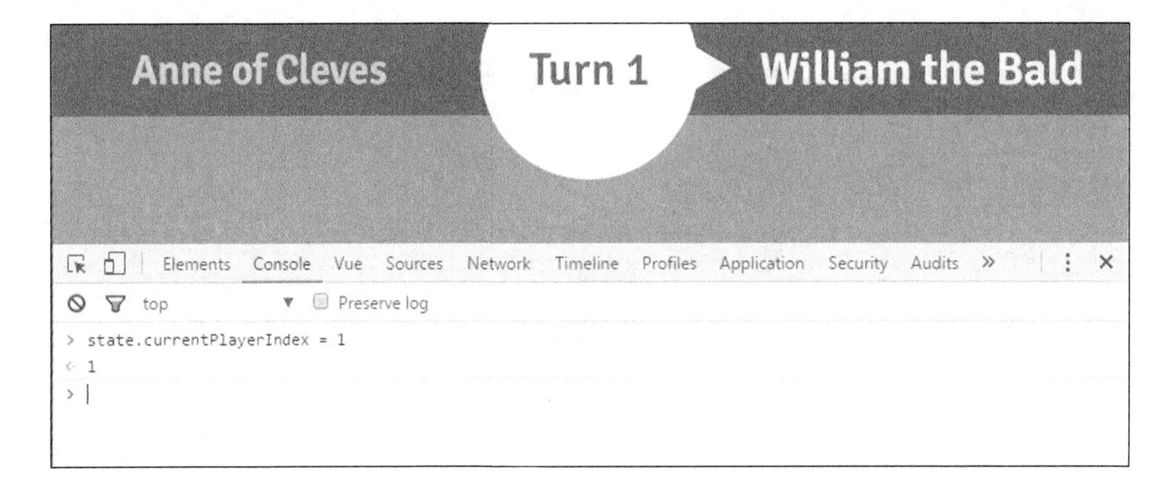

3.4.2　显示卡牌

所有卡牌的描述都在卡牌定义对象中，在 cards.js 文件里声明。你可以打开它，但是不要修改里面的内容。每张卡牌都定义了如下字段。

- id：卡牌的唯一标识符
- type：修改卡牌背景颜色，以便区分
- title：显示卡牌的名字
- description：一段 HTML 文本，用于说明卡牌的作用
- note：一段可选的背景叙述，同样是 HTML 文本
- play：当玩家出牌之后，会调用这个函数

我们需要用一个新的组件来（或在玩家手牌列表中，或在浮层中）显示对手在上一回合出的牌。它看起来是这样的。

(1) 在 components/ui.js 文件中，创建一个新的 card 组件：

```
Vue.component('card', {
  // 在这里定义
})
```

(2) 这个组件接收一个 def prop，这是卡牌的定义对象。使用 props 选项来声明即可，跟之前为 top-bar 组件所做的类似：

```
Vue.component('card', {
  props: ['def'],
})
```

(3) 现在，我们开始添加模板内容。以 div 元素开始，其 class 为 card：

```
Vue.component('card', {
  template: `<div class="card">
  </div>`,
  props: ['def'],
})
```

(4) 为了能够根据卡牌的类型显示不同的背景色，需要结合卡牌对象的 type 属性，添加一个动态 CSS 类：

```
<div class="card" :class="'type-' + def.type">
```

例如，如果卡牌的类型是 attack，元素将有一个 type-attack CSS 类，背景色是红色。

(5) 现在，用相应的类添加卡牌的标题：

```
<div class="card" :class="'type-' + def.type">
  <div class="title">{{ def.title }}</div>
</div>
```

(6) 添加分隔符图像，即在卡牌标题和描述之间显示一些线条：

```
<div class="title">{{ def.title }}</div>
<img class="separator" src="svg/card-separator.svg" />
```

在图像下面，添加描述元素。

注意，由于卡牌对象的 description 属性是一段 HTML 格式的文本内容，需要使用第 2 章介绍的特殊指令 v-html。

(7) 使用 v-html 指令显示描述的内容：

```
<div class="description"><div v-html="def.description"></div>
</div>
```

你可能已经注意到了，我们在上面的代码中添加了一个嵌套的 div 元素，其中将包含卡牌的描述文本。这里使用 CSS 的 flexbox 对文本做了垂直居中效果。

(8) 最后，添加卡牌的注释（同样是一段 HTML 文本内容）。注意，有些卡牌没有注释，所以需要使用 v-if 指令：

```
<div class="note" v-if="def.note"><div v-html="def.note"></div> </div>
```

卡牌组件目前看起来是这样的：

```
Vue.component('card', {
  props: ['def'],
  template: `<div class="card" :class="'type-' + def.type">
    <div class="title">{{ def.title }}</div>
    <img class="separator" src="svg/card-separator.svg" />
    <div class="description"><div v-
  html="def.description"></div></div>
    <div class="note" v-if="def.note"><div v-
  html="def.note"></div></div>
    </div>`,
})
```

现在，可以在主应用组件中使用新的 card 组件了。

(9) 编辑主模板，在顶栏下面添加一个 card 组件，如下所示：

```
template: `<div id="#app">
  <top-bar :turn="turn" :current-player-
   index="currentPlayerIndex" :players="players" />
  <card :def="testCard" />
</div>`,
```

(10) 这里需要定义一个临时的计算属性：

```
computed: {
  testCard() {
    return cards.archers
  },
},
```

现在，可以看到界面中显示出了一张红色的攻击卡牌，内容包括标题、描述和背景叙述。

1. 在组件上监听原生事件

下面给卡牌添加一个单击事件处理函数：

```
<card :def="testCard" @click="handlePlay" />
```

在主组件中，添加一个简单的方法：

```
methods: {
  handlePlay() {
    console.log('You played a card!')
  }
}
```

如果在浏览器中运行上面的代码，会发现它并不能像预期的那样生效，控制台没有任何输出。

这是因为 Vue 针对组件有自己的事件系统，叫作"自定义事件"，一会我们将介绍。这套系统有别于浏览器事件，在这里 Vue 期望的是一个自定义的 `click` 事件，而不是浏览器事件。因此，`handler` 方法不会被调用。

为监听到组件的 `click` 事件，需要对 `v-on` 指令使用 `.native` 修饰符，如下所示：

```
<card :def="testCard" @click.native="handlePlay" />
```

这样，当单击卡牌时，`handlePlay` 才会如期望的那样被调用。

2. 使用自定义事件进行子组件到父组件的通信

之前介绍过使用 prop 实现从父组件到子组件的通信。现在，我们希望子组件能反过来与父组件通信。对于 `card` 组件，我们希望当玩家单击卡牌时可以告知父组件，此卡牌已经被使用了。在这里，我们不能使用 prop，而是要使用自定义事件。在组件内部，使用 `$emit` 这个特殊方法触发的事件可以被父组件捕获到。该方法接收一个固定的参数，即事件类型：

```
this.$emit('play')
```

在同一个 Vue 实例中，可以使用名为$on 的特殊方法监听自定义事件：

```
this.$on('play', () => {
  console.log('Caught a play event!')
})
```

同时，$emit 方法还会触发一个 play 事件到父组件中。可以在父组件模板里使用 v-on 指令监听该事件：

```
<card v-on:play="handlePlay" />
```

也可以使用 v-bind 的简写：

```
<card @play="handlePlay" />
```

调用$emit 方法触发事件时，还可以添加一些参数传递到处理函数的方法中：

```
this.$emit('play', 'orange', 42)
```

上面的代码中触发了一个 play 事件，并传递了两个参数：'orange'和 42。

在处理函数中可以通过参数获取到传递过来的内容，如下所示：

```
handlePlay(color, number) {
  console.log('handle play event', 'color=', color, 'number=', number)
}
```

参数 color 的值将是'orange'，而 number 的值则为 42。

与上一节描述的一样，Vue 的自定义事件与浏览器事件系统是完全分开的。方法$on 和$emit 并不是 addEventListener 和 dispatchEvent 的别名。这也解释了为什么在组件中需要使用.native 修饰符来监听浏览器事件（如 click）。

回到 card 组件中，我们需要触发一个简单的事件，告知父组件已经使用了这张卡牌。

(1) 首先，添加一个方法用于事件的触发：

```
methods: {
  play() {
    this.$emit('play')
  },
},
```

(2) 我们希望当用户单击卡牌时能调用该方法。只需要在卡牌的主 div 元素上监听浏览器的单击事件即可：

```
<div class="card" :class="'type-' + def.type" @click="play">
```

(3) 到这里，我们的 card 组件就完成了。通过在主组件模板中监听 play 自定义事件，可以测试 card 组件：

```
<card :def="testCard" @play="handlePlay" />
```

这样，只要触发了 play 事件，handlePlay 方法就将被调用。

我们可以只监听原生的单击事件，但是在大多数情况下，最好使用自定义事件完成组件之间的通信。例如，当用户使用其他方式（例如使用键盘选中卡牌，然后按回车键）玩游戏时，我们也可以触发 play 事件，但本书不会实现这种方式。

3.4.3 手牌

下一个组件是当前玩家的手牌，用于存放现有的 5 张卡牌。该组件有 3D 过渡效果，并且负责展示卡牌的动画（当摸牌和出牌时）。

(1) 在 components/ui.js 文件中添加一个组件，以 hand ID 注册，并编写一个包含两个 div 元素的基本模板：

```
Vue.component('hand', {
  template: `<div class="hand">
    <div class="wrapper">
      <!-- 卡牌 -->
    </div>
  </div>`,
})
```

wrapper 元素用于定位卡牌和实现卡牌的动画效果。

手牌中的每张卡牌都由一个对象表示。现在，这些对象有如下属性。

- id：卡牌唯一标示符
- def：卡牌定义对象

提醒一下，所有卡牌的定义都在 cards.js 文件中声明。

(2) 我们的 hand 组件会通过一个名为 cards 的新 prop 数组接收卡牌对象，以此来表示玩家的手牌：

```
Vue.component('hand', {
  // ...
  props: ['cards'],
})
```

(3) 现在可以使用 v-for 指令添加 card 组件了：

```
<div class="wrapper">
  <card v-for="card of cards" :def="card.def" />
</div>
```

(4) 为了测试 hand 组件，在应用的 state 中创建一个名为 testHand 的临时属性（state.js 文件中）：

```
var state = {
  // ...
  testHand: [],
}
```

(5) 在主组件中添加一个 createTestHand 方法（main.js 文件中）：

```
methods: {
  createTestHand() {
    const cards = []
    // 遍历获取卡牌的 id
    const ids = Object.keys(cards)

    // 抽取 5 张卡牌
    for (let i = 0; i < 5; i++) {
      cards.push(testDrawCard())
    }

    return cards
  },
},
```

(6) 为了测试 hand 组件，还需要一个临时方法 testDrawCard 模拟卡牌的随机抽取：

```
methods: {
  // ...
  testDrawCard() {
    // 使用 id 随机选取一张卡牌
    const ids = Object.keys(cards)
    const randomId = ids[Math.floor(Math.random() * ids.length)]
    // 返回一张新的卡牌
    return {
      // 卡牌的唯一标识符
      uid: cardUid++,
      // 定义的 id
      id: randomId,
      // 定义对象
      def: cards[randomId],
    }
  }
}
```

(7) 使用 Vue 的生命周期钩子 created 初始化 hand：

```
created() {
  this.testHand = this.createTestHand()
},
```

cardUid 是玩家所抽取卡牌的唯一标识符，用于区分玩家手中的卡牌。使用 cardUid 来做区分主要是因为多张卡牌可以有相同的定义，所以需要一种能够区分它们的方法。

(8) 在主模板中，添加 hand 组件：

```
template: `<div id="#app">
  <top-bar :turn="turn" :current-player-
   index="currentPlayerIndex" :players="players" />
  <hand :cards="testHand" />
</div>`,
```

最终，在浏览器中看到的效果应该是这样的。

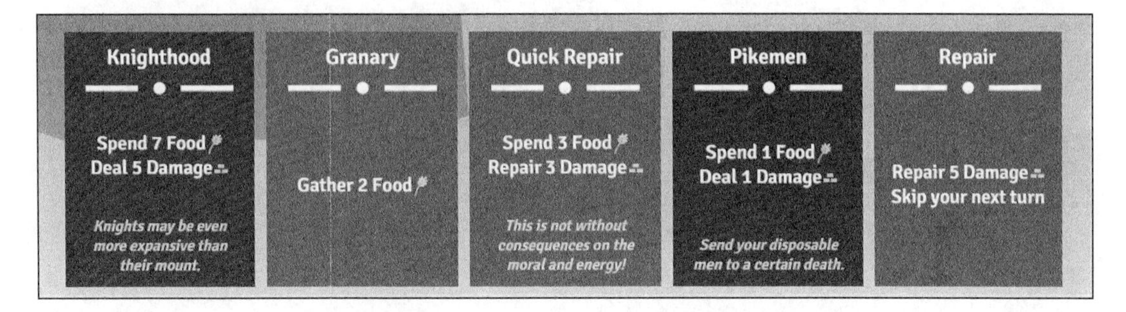

1. hand 组件的动画过渡效果

在玩游戏期间，当显示浮层时，手牌将被隐藏起来。为了让应用更好看，当把 hand 添加到 DOM 中或移除它时，我们对其添加动画效果。为此，这里使用 CSS 过渡，并结合使用强大的 Vue 工具：特殊的<transition>组件。当添加或移除元素时，使用 v-if 或 v-show 指令来帮助实现 CSS 过渡。

(1) 首先，在 state.js 文件中添加一个新的 activeOverlay 数据属性到应用 state 中：

```
// 应用状态集合
var state = {
  // 用户界面
  activeOverlay: null,
  // ...
}
```

(2) 在主模板中，只有当 activeOverlay 没有定义的时候，才显示 hand 组件。只要使用 v-if 指令即可做到：

```
<hand :cards="testHand" v-if="!activeOverlay" />
```

(3) 现在，只要在浏览器控制台将 state.activeOverlay 修改为任意的真值，hand 组件就会被隐藏起来：

```
state.activeOverlay = 'player-turn'
```

(4) 同样，如果将 state.activeOverlay 设置回 null，手牌将重新显示出来：

```
state.activeOverlay = null
```

(5) 如果要在通过 v-if 或 v-show 添加或移除某个组件时实现过渡效果，可以用<transition>组件将其包裹住，如下所示：

```
<transition>
  <hand v-if="!activeOverlay" />
</transition>
```

注意，这对于 HTML 元素同样有效：

```
<transition>
  <h1 v-if="showTitle">Title</h1>
</transition>
```

<transition>特殊组件不会显示在 DOM 中，就像在第 2 章中使用的<template>标签一样。

当元素被添加到 DOM 时（进入阶段），<transition>组件会自动将下列 CSS 类应用到元素中。

- v-enter-active：当进入过渡状态被激活时，会应用该类。在元素插入 DOM 之前，添加该类到元素中，并在动画结束时移除它。应该在这个类中添加一些 transition CSS 属性并定义其过渡时长。
- v-enter：元素进入过渡的开始状态。在元素插入 DOM 之前，添加该类到元素中，并在元素被插入的下一帧移除。例如，你可以在这个类中设置透明度为 0。
- v-enter-to：元素进入过渡的结束状态。在元素插入 DOM 后的下一帧添加，同时 v-enter 被移除。当动画完成后，v-enter-to 会被移除。

当元素从 DOM 中移除时（离开阶段），<transition>组件会自动将下列 CSS 类应用到元素中。

- v-leave-active：当离开过渡状态被激活时，会应用该类。当离开过渡触发时，添加该类到元素中，并在从 DOM 中移除元素时移除它。应该在这个类中添加一些 transition CSS 属性并定义其过渡时长。
- v-leave：元素被移除时的开始状态。当离开过渡触发时，添加该类到元素中，并在下一帧移除。
- v-leave-to：元素离开过渡的结束状态。在离开过渡触发后的下一帧添加，同时 v-leave 被移除。当从 DOM 中移除元素时，该类也会被移除。

在离开阶段，并不会立即从 DOM 中移除元素。当过渡结束后，才会将其移除，这样用户可以看到动画效果。

下图总结了元素的进入和离开这两种过渡阶段，标明了相应的 CSS 类。

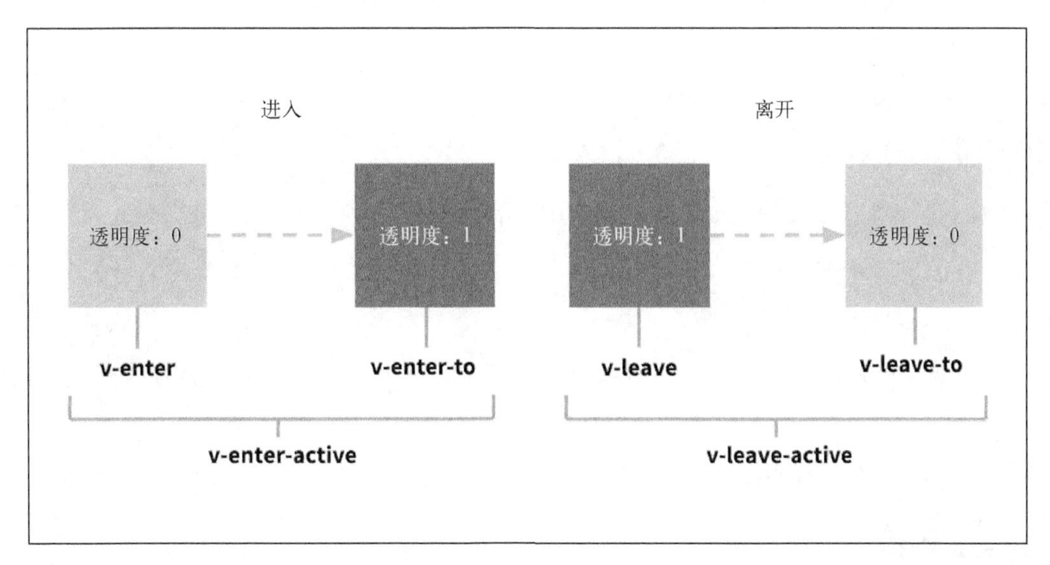

<transition>组件会自动检测应用在元素上的 CSS 过渡效果的持续时间。

(6) 我们需要写一些 CSS 完成动画效果。创建一个新的文件 transition.css，并在 Web 页面中包含它：

```
<link rel="stylesheet" href="transitions.css" />
```

先写一个基本的淡出动画效果。我们希望将 CSS 过渡效果应用到 CSS 的 `opacity` 属性上，持续时间为 1 秒。

(7) 为此，需要使用 `v-enter-active` 和 `v-leave-active` 两个 CSS 类，因为元素有相同的动画：

```
.hand.v-enter-active,
.hand.v-leave-active {
  transition: opacity 1s;
}
```

当 `hand` 组件被添加到 DOM 或是从 DOM 中移除时，我们希望它的 `opacity` 为 `0`（全透明效果）。

(8) 使用 `v-enter` 和 `v-leave-to` 类来应用这一全透明效果：

```
.hand.v-enter,
.hand.v-leave-to {
  opacity: 0;
}
```

(9) 回到主模板中，将 hand 组件包裹到一个<transition>组件中：

```
<transition>
  <hand v-if="!activeOverlay" :cards="testHand" />
</transition>
```

至此，当隐藏或显示手牌时，会有淡入和淡出的效果。

(10) 由于可能需要复用这个动画，我们可以给它取个名字：

```
<transition name="fade">
  <hand v-if="!activeOverlay" :cards="testHand" />
</transition>
```

由于 Vue 现在要使用 face-enter-active 替换 v-enter-active，所以需要修改我们的 CSS 类。

(11) 在 transition.css 文件中，修改 CSS 选择器：

```
.fade-enter-active,
.fade-leave-active {
  transition: opacity 1s;
}

.fade-enter,
.fade-leave-to {
  opacity: 0;
}
```

现在，我们只需要通过<transition name="fade">标签就可以在任意元素上复用这个动画了。

2. 更好看的动画

现在我们来看看如何使用一些 3D 效果制作出更加复杂和漂亮的动画。除了手牌，我们还将对.wrapper 元素（用于 3D 翻转效果）和.card 元素添加动画效果。一开始，牌会堆成一堆，然后各自渐渐移动到一定的位置。最后还会实现一个动画效果，就好像玩家在从桌面上摸牌一样。

(1) 利用 hand 替换 fade 创建一个新的 CSS 过渡类：

```
.hand-enter-active,
.hand-leave-active {
  transition: opacity .5s;
}
```

```
.hand-enter,
.hand-leave-to {
  opacity: 0;
}
```

(2) 在主模板中，修改过渡的名字：

```
<transition name="hand">
  <hand v-if="!activeOverlay" :cards="testHand" />
</transition>
```

(3) 对 wrapper 元素添加动画效果。使用 CSS 的 transform 属性，将 3D 变换效果应用到元素中：

```
.hand-enter-active .wrapper,
.hand-leave-active .wrapper {
  transition: transform .8s cubic-bezier(.08,.74,.34,1);
  transform-origin: bottom center;
}

.hand-enter .wrapper,
.hand-leave-to .wrapper {
  transform: rotateX(90deg);
}
```

正确的旋转轴应该为水平轴，也就是 x。这样，当玩家摸牌时，将看到相应的动画效果。注意这里用到了三次贝塞尔曲线（cubic-bezier）缓动函数，可以使得动画更加平滑。

(4) 最后，给卡牌设置一个负的水平边距，这样卡牌看起来就像是堆在一起的：

```
.hand-enter-active .card,
.hand-leave-active .card {
  transition: margin .8s cubic-bezier(.08,.74,.34,1);
}

.hand-enter .card,
.hand-leave-to .card {
  margin: 0 -100px;
}
```

至此，如果通过浏览器控制台测试 hand 组件的隐藏和显示，将会看到一个很不错的动画效果。

3. 出牌

现在，我们需要在 hand 组件中处理用户单击卡牌时触发的 play 事件，并触发一个新的 card-play 事件给主组件，该事件携带一个额外的参数：被单击的卡牌。

(1) 首先，在 hand 组件中创建一个新的方法 handlePlay。该方法接收一个 card 参数，并触发新的事件到父组件中：

```
methods: {
  handlePlay(card) {
    this.$emit('card-play', card)
  },
},
```

(2) 然后，监听卡牌的 play 事件：

```
<card v-for="card of cards" :def="card.def"
@play="handlePlay(card) />
```

如上所示，直接使用 v-for 循环的迭代变量 card。由于我们已经知道 card 是什么了，所以并不需要 card 组件告知我们。

为了测试出牌，我们现在只需要将卡牌从手牌中移除即可。

(3) 在 main.js 文件的主组件中创建一个新的临时方法 testPlayCard：

```
methods: {
  // ...
  testPlayCard(card) {
    // 将卡牌从玩家手牌中移除即可
    const index = this.testHand.indexOf(card)
    this.testHand.splice(index, 1)
  }
},
```

(4) 在主模板中添加事件监听器，监听 hand 组件的 card-play 事件：

```
<hand v-if="!activeOverlay" :cards="testHand" @card-play="testPlayCard" />
```

现在，如果单击卡牌，卡牌将触发一个 play 事件到 hand 组件中，接着 hand 组件将触发一个 card-play 事件到主组件中。这会反过来移除手牌中的卡牌，使其消失。为了方便调试这一类使用情形，浏览器的开发者工具有一个 Events 选项卡。

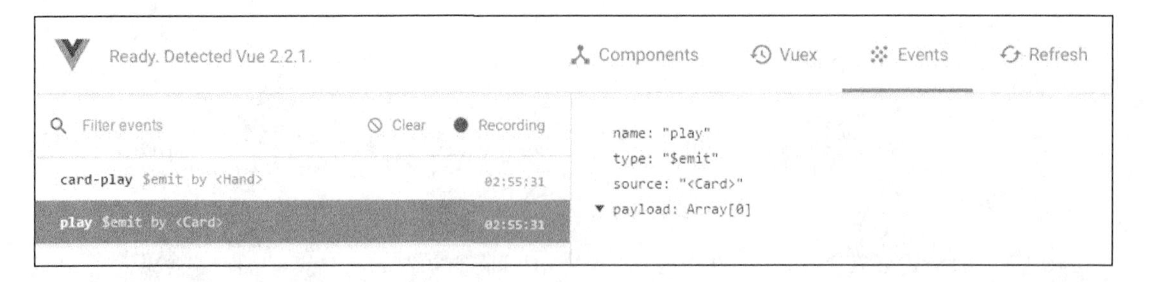

4. 手牌列表的动画

我们的手牌列表还有 3 个动画要实现：卡牌被添加到玩家手牌中，卡牌从手牌中移除，以及卡牌的移动。当回合开始时，玩家摸一张牌。这意味着要在手牌中添加一张卡牌，这张卡牌将从右边划入手牌中。当玩家出牌时，我们希望这张卡牌升起并放大。

为元素列表添加动画效果，需要使用另外一个特殊的组件<transition-group>。当元素被添加、移除和移动时，该组件将对它的子元素做出动画效果。在模板中，看起来是这样的：

```
<transition-group>
  <div v-for="item of items" />
</transition-group>
```

跟<transition>元素不同的是，<transition-group>默认情况下会作为<span>元素出现在DOM中。你可以使用tag prop修改这个HTML元素：

```
<transition-group tag="ul">
  <li v-for="item of items" />
</transition-group>
```


在hand组件的模板中，使用<transition-group>将card组件包围起来，并指定过渡效果的名称为card，再添加一个cards CSS类：

```
<transition-group name="card" tag="div" class="cards">
  <card v-for="card of cards" :def="card.def" @play="handlePlay(card) />
</transition-group>
```

在继续之前，这里遗漏了一件很重要的事情：<transition-group>的子元素必须由唯一的key做标识。

- **特殊的key属性**

当Vue更新存在于v-for循环中的DOM元素列表时，会尽量最小化应用于DOM的操作，例如添加或移除元素。大多数情况下，这是更新DOM的一种非常高效的方法，并且对性能的提升也有帮助。

为了做到这一点，Vue会尽可能地复用元素，并仅对DOM中需修改的地方进行小范围修改，以达到理想的结果。这就意味着重复的元素会被打包到一起，不会在添加或移除列表中的项时移动它们。不过，这也意味着对其应用过渡不会有动画效果。

下面是Vue的复用原理图。

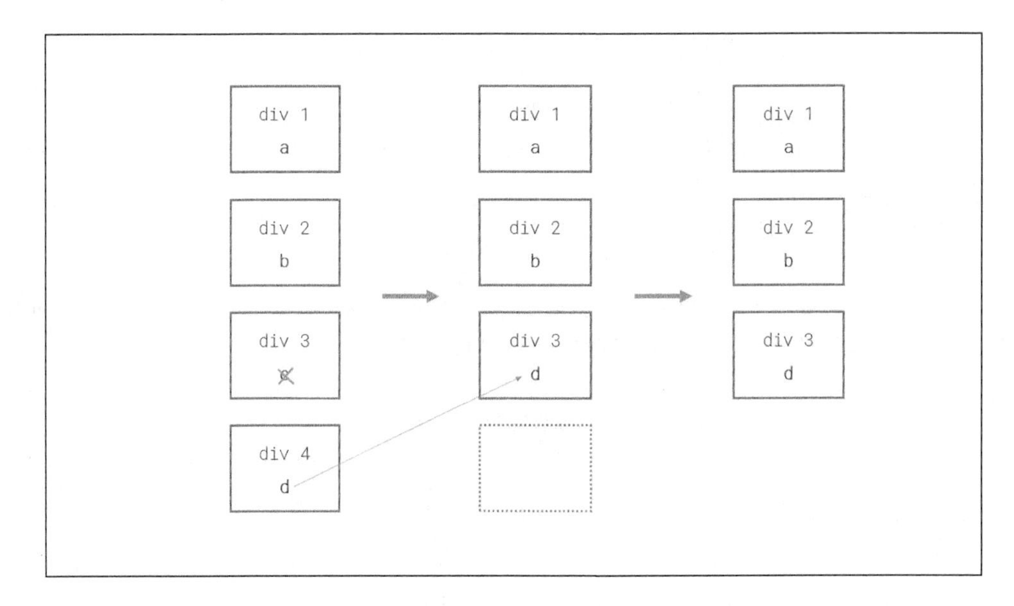

在上图中，我们将列表中的第三项 c 移除了。但是第三个 div 元素不会被销毁，而是会被列表中的第四项 d 复用。实际上，被销毁的是第四个 div 元素。

好在可以告诉 Vue 每个元素是如何被识别出来的，这样就可以对其复用和重新排序了。为此，需要用特殊的 key 属性为元素指定唯一标识符。例如，可以对我们的 4 个项使用唯一 ID 作为 key。

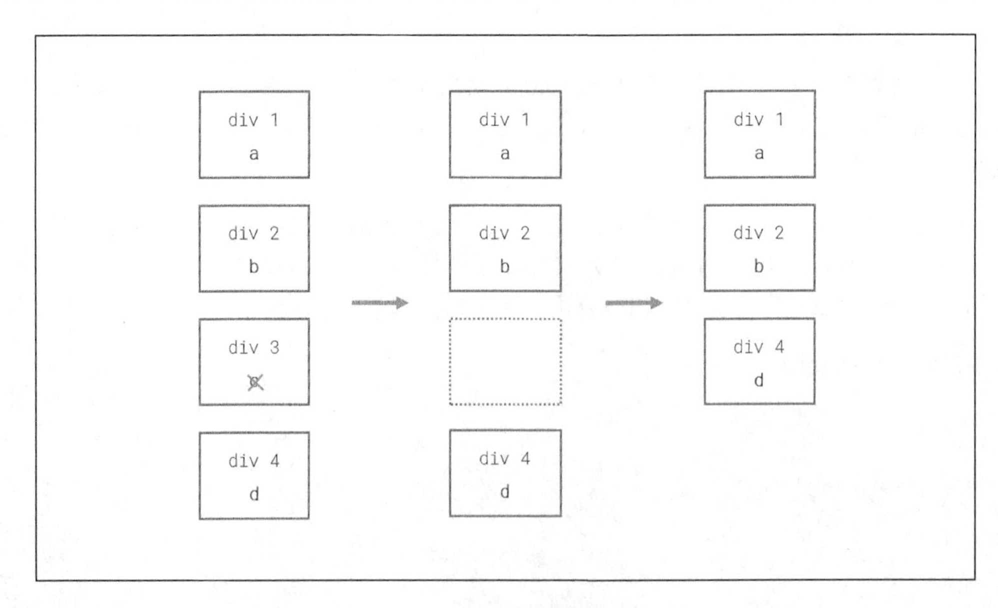

这里指定了 key，Vue 就知道第三个 div 元素应该被销毁，而第四个 div 元素则需要移动位置。

key 这一特殊属性的用法与其他标准属性一致，所以如果想要对其动态赋值，需要使用 v-bind 指令。

回到我们的卡牌，可以使用卡牌的唯一 ID 当作 key。

```
<card v-for="card of cards" :def="card.def" :key="card.uid"
@play="handlePlay(card) />
```

现在，用 JavaScript 对卡牌进行添加或删除操作，在 DOM 中的卡牌会被正确排序。

- **CSS 过渡**

与之前类似，这里有 6 个以列表过渡（group transition）效果名称 card 为前缀的 CSS 类：card-enter-active、card-enter、card-enter-to、card-leave-active、card-leave 和 card-leave-to。这些类将被应用到列表过渡效果的直接子节点中，也就是 cards 组件。

(1) 列表过渡有一个额外的类 v-move，用于元素的移动。Vue 将使用 CSS 的 transform 属性对元素进行移动，所以我们只需要应用一个 CSS 过渡效果，并至少带上一个过渡时长即可：

```
.card-move {
  transition: transform .3s;
}
```

现在，当单击卡牌进行出牌时，该卡牌将消失，而剩下的卡牌将被移动到新的位置。你还可以添加卡牌到手牌中。

(2) 在 Vue 的开发者工具中选中主组件，并在浏览器控制台执行如下命令：

```
state.testHand.push($vm.testDrawCard())
```

在开发者工具中选中一个组件，该组件会以$vm 的形式暴露给浏览器控制台。

就像之前对手牌的处理一样，当卡牌进入手牌列表以及出牌（也就是离开手牌列表）时，我们也对其添加动画效果。

(3) 由于始终需要在相同的时间对卡牌的多个 CSS 属性进行过渡（除了在离开过渡期间），所以这里将.card-move 规则修改为：

```
.card {
  /* 用于进入、移动和鼠标悬停的动画 */
  transition: all .3 s;
}
```

(4) 针对进入动画，指定卡牌开始过渡时的状态：

```
.card-enter {
  opacity: 0;
```

```
  /* 从右边划入 */
  transform: scale(.8) translateX(100px);
}
```

(5) 由于出牌时涉及卡牌的上升及放大效果，动画要复杂一点，所以动画需要的规则也多一点：

```
.card-leave-active {
  /* 离开过渡的时间不同 */
  transition: all 1s, opacity .5s .5s;
  /* 保持水平位置不变 */
  position: absolute !important;
  /* 将玩家打出的卡牌绘制于其他卡牌之上 */
  z-index: 10;
  /* 在过渡期间不允许单击 */
  pointer-events: none;
}

.card-leave-to {
  opacity: 0;
  /* 卡牌上升的同时放大 */
  transform: translateX(-106px) translateY(-300px) scale(1.5);
}
```

上面的代码可以满足各种情况下的卡牌动画效果了。现在可以再试试出牌和添加卡牌到手牌中，并观察效果。

3.4.4 浮层

最后，我们还需要的用户界面元素就是浮层（overlay）。下面是项目涉及的三个浮层。

- 当轮到玩家出牌时，new-turn 浮层将显示当前回合的玩家姓名。单击 new-turn 浮层，将切换到 last-play 浮层。
- last-play 浮层将显示对手之前的行动，分为以下两种情况：
  - 上一回合对手打出的卡牌；
  - 提醒对手跳过了自己的回合。
- 当玩家（一个或两个）失败时，将显示 game-over 浮层，其内容为玩家姓名和 is victorious 或 is defeated。单击 game-over 浮层，将重新加载游戏。

这些浮层具有两个共性：首先，当用户单击浮层时，它们都会做一些操作；其次，它们的布局设计基本相同。因此，明智的做法是尽量使得组件能够复用代码。在此，我们将构建一个通用的浮层组件，用于处理单击事件、页面布局和每个浮层所需的3个特定的浮层内容组件。

开始之前，在 state.js 文件中添加一个新的 activeOverlay 属性到应用状态：

```
// 应用状态集合
var state = {
  // 用户界面
  activeOverlay: null,
  // ...
}
```

activeOverlay 属性将保存当前显示浮层的名称；如果没有浮层显示，则为 null。

1. 使用插槽分发内容

如果可以在主模板中将内容添加到 overlay 组件里，会非常方便，类似于这样：

```
<overlay>
  <overlay-content-player-turn />
</overlay>
```


我们将把额外的布局和逻辑封装到 overlay 组件中，并且还能添加任意的内容进去。只需要使用特殊的<slot>元素就可以完成这个功能。

(1) 创建一个 overlay 组件，并添加两个 div 元素：

```
Vue.component('overlay', {
  template: `<div class="overlay">
    <div class="content">
      <!-- 这里是插槽 -->
    </div>
  </div>`,
})
```

(2) 在.overlay 元素上添加一个单击事件监听器，调用 handleClick 方法：

```
<div class="overlay" @click="handleClick">
```

(3) 接着添加 handleClick 方法并在其中触发一个自定义事件 close：

```
methods: {
  handleClick() {
    this.$emit('close')
  },
},
```

这个事件可以帮助我们在回合开始时知晓何时从一个浮层切换到下一个。

(4) 在.content 元素中添加一个<slot>元素：

```
template: `<div class="overlay" @click="handleClick">
  <div class="content">
    <slot />
  </div>
</div>`,
```

现在使用组件时，如果在<overlay>标签之间添加一些内容，这些内容将被包含在DOM中，并替换掉<slot>标签。例如，我们可以这样做：

```
<overlay>
  Hello world!
</overlay>
```

这在页面中将被渲染为：

```
<div class="overlay">
  <div class="content">
    Hello world!
  </div>
</div>
```

还可以在标签之间添加HTML或Vue组件，工作原理是一样的。

(5) 至此，组件已经可以在主模板中使用了。这里将组件添加到尾部：

```
<overlay>
  Hello world!
</overlay>
```

涉及的3个浮层内容将被分为3个独立的组件：

- overlay-content-player-turn 显示游戏回合开始的相关内容；
- overlay-content-last-play 显示对手上一回合的出牌信息；
- overlay-content-game-over 显示游戏结束的信息。

在编写这3个组件之前，我们需要在state中增加和两名玩家相关的一些数据。

(6) 回到state.js文件中，为每名玩家添加如下属性：

```
// 游戏开始时的状态
food: 10,
health: 10,
// 是否跳过下个回合
skipTurn: false,
// 跳过了上个回合
skippedTurn: false,
hand: [],
lastPlayedCardId: null,
dead: false,
```

现在players数组中应该有两项。除了玩家姓名不同外，这两项的其他属性都是相同的。

2. player-turn浮层

第一个浮层将根据是否跳过回合，向当前玩家显示两条不同的信息。player prop将接收当前玩家的信息，方便我们访问玩家数据。此处将搭配使用 v-if 和 v-else 指令，以及刚刚添加的玩家 skipTurn 属性：

```
Vue.component('overlay-content-player-turn', {
  template: `<div>
    <div class="big" v-if="player.skipTurn">{{ player.name }},
<br>your turn is skipped!</div>
    <div class="big" v-else>{{ player.name }},<br>your turn has
come!</div>
     <div>Tap to continue</div>
  </div>`,
  props: ['player'],
})
```

3. last-play 浮层

3

这个浮层稍微复杂一点。我们需要用一个新函数获取上一回合玩家出的牌。在 utils.js 文件中，添加一个新函数 getLastPlayedCard：

```
function getLastPlayedCard(player) {
  return cards[player.lastPlayedCardId]
}
```

现在通过 opponent prop，可以在 lastPlayedCard 计算属性中使用该函数：

```
Vue.component('overlay-content-last-play', {
  template: `<div>
    <div v-if="opponent.skippedTurn">{{ opponent.name }} turn was
skipped!</div>
    <template v-else>
      <div>{{ opponent.name }} just played:</div>
      <card :def="lastPlayedCard" />
    </template>
  </div>`,
  props: ['opponent'],
  computed: {
    lastPlayedCard() {
      return getLastPlayedCard(this.opponent)
    },
  },
})
```

注意，这里直接复用了之前创建的 card 组件，用来显示卡牌信息。

4. game-over 浮层

这里，我们先创建另外一个名为 play-result 的组件，用来显示玩家是胜利还是失败。我们将展示通过 prop 传递来的玩家姓名，并通过计算属性计算出该玩家的游戏结果，还会将结果作为动态 CSS 类来使用：

```
Vue.component('player-result', {
  template: `<div class="player-result" :class="result">
    <span class="name">{{ player.name }}</span> is
    <span class="result">{{ result }}</span>
  </div>`,
  props: ['player'],
  computed: {
    result() {
      return this.player.dead ? 'defeated' : 'victorious'
    },
  },
})
```

现在，可以通过遍历 `players` prop 并使用 `play-result` 组件创建 `game-over` 浮层了：

```
Vue.component('overlay-content-game-over', {
  template: `<div>
    <div class="big">Game Over</div>
    <player-result v-for="player in players" :player="player" /> </div>`,
  props: ['players'],
})
```

5. 动态组件

现在，要使用之前定义的 `activeOverlay` 属性，将所有这些都添加到 `overlay` 组件中。

(1) 在主模板中，根据 `activeOverlay` 相应的值添加和显示组件：

```
<overlay v-if="activeOverlay">
  <overlay-content-player-turn
    v-if="activeOverlay === 'player-turn'" />
  <overlay-content-last-play
    v-else-if="activeOverlay === 'last-play'" />
  <overlay-content-game-over
    v-else-if="activeOverlay === 'game-over'" />
</overlay>
```

如果 `activeOverlay` 属性为 `null`，则移除所有的浮层。

在添加 prop 之前，需要在 state.js 中增加一些 getter 对应用状态进行修改。

(2) 第一个 getter 会根据 `currentPlayerIndex` 属性返回 `player` 对象：

```
get currentPlayer() {
  return state.players[state.currentPlayerIndex]
},
```

(3) 第二个 getter 返回对手 `player` 的索引：

```
get currentOpponentId() {
  return state.currentPlayerIndex === 0 ? 1 : 0
},
```

(4) 最后，第三个 getter 返回相应的 `player` 对象：

```
get currentOpponent () {
  return state.players[state.currentOpponentId]
},
```

(5) 现在，我们可以给浮层内容添加 prop 了：

```
<overlay v-if="activeOverlay">
  <overlay-content-player-turn
    v-if="activeOverlay === 'player-turn'"
    :player="currentPlayer" />
  <overlay-content-last-play
    v-else-if="activeOverlay === 'last-play'"
    :opponent="currentOpponent" />
  <overlay-content-game-over
    v-else-if="activeOverlay === 'game-over'"
    :players="players" />
</overlay>
```

你可以在浏览器控制台中通过设置 `activeOverlay` 属性的值测试这些浮层：

```
state.activeOverlay = 'player-turn'
state.activeOverlay = 'last-play'
state.activeOverlay = 'game-over'
state.activeOverlay = null
```

如果要测试 `last-play` 浮层，需要给玩家的 `lastPlayedCardId` 属性设置一个有效的值，比如 `catapult` 或 `farm`。

自从添加了 3 个条件语句之后，代码开始凌乱起来。幸好，Vue 提供了一个特殊的组件可以把其转换为任意的组件：`component` 组件。只需要将它的 `is` prop 设置为一个组件名或组件定义对象，甚至是一个 HTML 标签，`component` 组件就会变为相应的内容：

```
<component is="h1">Title</component>
<component is="overlay-content-player-turn" />
```

这个 prop 和其他任何 prop 一样，因此可以使用 `v-bind` 指令并结合一个 JavaScript 表达式来动态修改组件。如果使用 `activeOverlay` 属性来做这件事情会怎样呢？有什么方法可以方便地为 3 个浮层组件名称加上相同的 `over-content-` 前缀呢？我们来看一下：

```
<component :is="'overlay-content-' + activeOverlay" />
```

这样就完成了。只需要修改 `activeOverlay` 属性的值，就可以修改浮层中所显示的组件了。

(6) 添加 prop 之后，浮层在主模板中看起来是这样的：

```
<overlay v-if="activeOverlay">
  <component :is="'overlay-content-' + activeOverlay"
    :player="currentPlayer" :opponent="currentOpponent"
```

```
    :players="players" />
</overlay>
```

不用担心尚未使用到的 prop，它们不会影响各个浮层的正常逻辑。

6. 浮层动画

就像之前对手牌所做的那样，这里使用一个过渡效果让浮层“动起来”。

(1) 在 overlay 组件外层，添加一个名为 zoom 的过渡：

```
<transition name="zoom">
  <overlay v-if="activeOverlay">
    <component :is="'overlay-content-' + activeOverlay"
    :player="currentPlayer" :opponent="currentOpponent"
    :players="players" />
  </overlay>
</transition>
```

(2) 将下列 CSS 规则添加到 transition.css 文件中：

```
.zoom-enter-active,
.zoom-leave-active {
  transition: opacity .3s, transform .3s;
}

.zoom-enter,
.zoom-leave-to {
  opacity: 0;
  transform: scale(.7);
}
```

这是一个简单的动画效果：浮层在淡出的同时放大。

- **key 属性**

现在，如果在浏览器中进行尝试，应该只能在两种情况下看到动画效果：

- 当没有任何浮层显示时，设置显示一个；
- 当有一个浮层显示时，将 activeOverlay 设置为 null 以隐藏浮层。

如果在浮层之间切换，动画并不会生效。这主要是 Vue 更新 DOM 的方式引起的。在之前的“特殊的 key 属性”一节里，我们已经知道了从性能优化的角度考虑，Vue 会尽可能复用 DOM 中的元素。在这里，想要在浮层之间切换时有动画效果，需要使用 key 特殊属性告知 Vue 将不同的浮层当作单独的元素对待。这样，从一个浮层过渡到另外一个时，两个浮层都会出现在 DOM 中，相关的动画也会生效。

下面就给 overlay 组件添加 key 属性。这样当修改 activeOverlay 值时，Vue 就可以将

浮层当作多个单独的元素对待了:

```
<transition name="zoom">
  <overlay v-if="activeOverlay" :key="activeOverlay">
    <component :is="'overlay-content-' + activeOverlay"
:player="currentPlayer" :opponent="currentOpponent" :players="players" />
  </overlay>
</transition>
```

现在，如果将 activeOverlay 设置为 player-turn，浮层的 key 将是 player-turn。如果将 activeOverlay 设置为 last-play,那么一个全新的浮层将被创建,其 key 为 last-play。我们从而可以在这两个浮层之间实现动画过渡效果。可以通过对 state.activeOverlay 设置不同的值在浏览器中试验一下。

7. 浮层背景

到这里，我们还需要给浮层添加背景。不能直接将背景添加到 overlay 组件中，否则背景也会随着组件放大——这相当奇怪。这里只需要使用之前创建的 fade 动画即可。

在主模板中，添加一个新的 div 元素（class 为 overlay-background）到 zoom 过渡和 overlay 组件之前:

```
<transition name="fade">
  <div class="overlay-background" v-if="activeOverlay" />
</transition>
```

结合 v-if 指令，只有当任意浮层显示时，该背景才会显示。

3.5 游戏世界和场景

本章涉及的用户界面元素差不多完成了，接下来构建游戏场景的相关组件：玩家的城堡、生命值和食物气泡，以及背景中带动画效果的云朵。

在 components 文件夹中创建一个新的 world.js 文件，并添加如下内容:

```
<!-- ... -->
<script src="components/ui.js"></script>
<script src="components/world.js"></script>
<script src="main.js"></script>
```

下面就先来构建城堡吧。

3.5.1 城堡

城堡实际上很简单，由两幅图像和一个城堡旗帜组件构成，其中城堡旗帜组件用于显示生命值和食物点数。

(1) 在 world.js 文件中，创建一个 castle 组件，里面有两幅图像，并接收 players 和 index 这两个 prop：

```
Vue.component('castle', {
  template: `<div class="castle" :class="'player-' + index">
    <img class="building" :src="'svg/castle' + index + '.svg'" />
    <img class="ground" :src="'svg/ground' + index + '.svg'" />
    <!-- 稍后将在这里添加一个城堡旗帜 (castle-banners) 组件  -->
  </div>`,
  props: ['player', 'index'],
})
```

对于上面这个组件，每名玩家涉及两幅图像：一幅城堡图像，一幅高台图像。这也就意味着总共有 4 幅图像。例如，对于索引为 0 的玩家，图像为 castle0.svg 和 ground0.svg。

(2) 在主模板的 top-bar 组件下面，创建一个 CSS 类为 world 的 div 元素，对 players 进行遍历来显示出两座城堡。另外，再添加一个 CSS 类为 land 的 div 元素：

```
<div class="world">
  <castle v-for="(player, index) in players" :player="player"
   :index="index" />
  <div class="land" />
</div>
```

在浏览器中，可以看到每名玩家有一座城堡了，如下图所示。

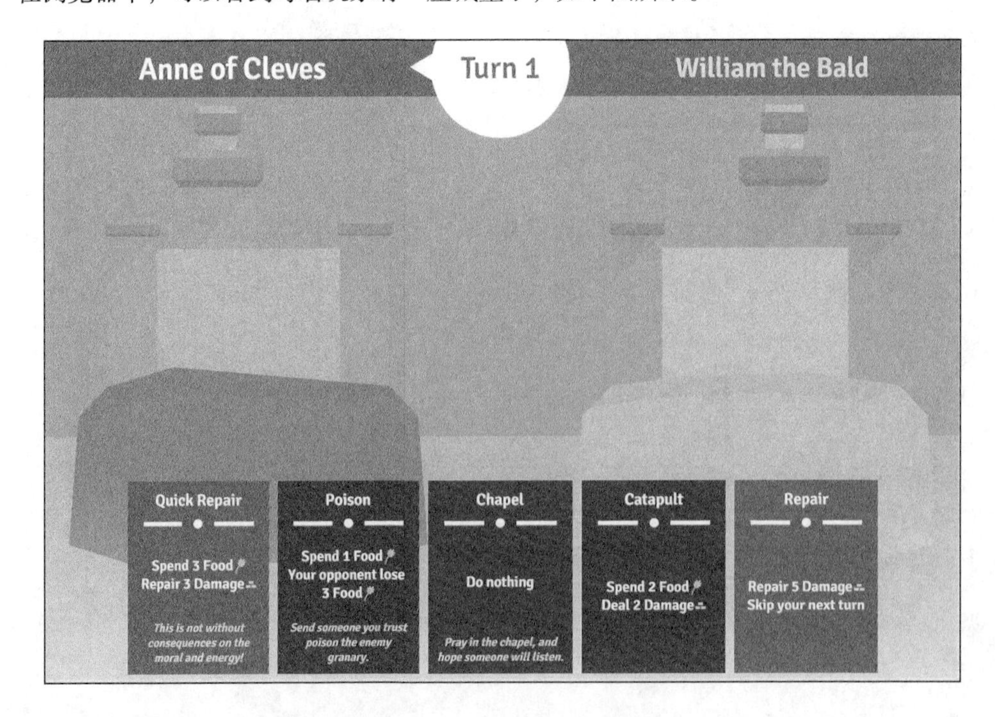

3.5.2 城堡旗帜

城堡旗帜用来显示城堡的生命值和食物点数。在 castle-banners 组件中有两个组件：

- 一个高度可变的垂直旗帜，高度的变化依赖于相关统计数量；
- 一个用于显示实际值的小气泡。

旗帜看起来如下所示。

(1) 首先，创建一个新的 castle-banners 组件。该组件只带有统计图标，以及一个 player prop：

```
Vue.component('castle-banners', {
  template: `<div class="banners">
    <!-- 食物 -->
    <img class="food-icon" src="svg/food-icon.svg" />
    <!-- 这里是小气泡 -->
    <!-- 这里是旗帜栏 -->

    <!-- 这里是生命值 -->
    <img class="health-icon" src="svg/health-icon.svg" />
    <!-- 这里是小气泡 -->
    <!-- 这里是旗帜栏 -->
  </div>`,
  props: ['player'],
})
```

(2) 添加两个计算属性，用来计算生命值和食物点数比例：

```
computed: {
  foodRatio() {
    return this.player.food / maxFood
  },
  healthRatio() {
    return this.player.health / maxHealth
  },
}
```

maxFood 和 maxHealth 定义在 state.js 文件的最前面。

(3) 在 castle 组件中，添加一个新的 castle-banners 组件：

```
template: `<div class="castle" :class="'player-' + index">
  <img class="building" :src="'svg/castle' + index + '.svg'" />
  <img class="ground" :src="'svg/ground' + index + '.svg'" />
  <castle-banners :player="player" />
</div>`,
```

1. 食物和生命值气泡

该组件包括一幅图像和一个文本，后者用来显示城堡的食物点数或生命值。这两个数值决定了组件的位置：当数值减少时，气泡向上移动；当数值增加时，气泡将向下移动。

这个组件需要以下 3 个 prop。

- type：区分食物和生命值，用于 CSS 类和图像路径
- value：在小气泡中显示的数值
- ratio：当前值除以最大值

我们还需要一个计算属性，用于根据 ratio prop 计算出小气泡的垂直位置。位置的垂直范围是 40 ~ 260 像素。因此，这个位置值可以用如下表达式计算得到：

```
(this.ratio * 220 + 40) * state.worldRatio + 'px'
```

记住，将每个位置或尺寸都乘以 worldRatio 的值，这样游戏才会考虑浏览器窗口的尺寸。（如果窗口变大，游戏界面也会跟着变大，反之亦然。）

(1) 现在构建一个新的 bubble 组件：

```
Vue.component('bubble', {
  template: `<div class="stat-bubble" :class="type + '-bubble'"
  :style="bubbleStyle">
    <img :src="'svg/' + type + '-bubble.svg'" />
    <div class="counter">{{ value }}</div>
  </div>`,
  props: ['type', 'value', 'ratio'],
  computed: {
    bubbleStyle() {
      return {
        top: (this.ratio * 220 + 40) * state.worldRatio + 'px',
      }
    },
  },
})
```

bubble 组件的根元素是一个 div，它有一个 stat-bubble CSS 类、一个动态的 CSS 类（根据 type prop 的值，取'food-bubble'或'health-bubble'），以及依赖于计算属性 bubbleStyle 的一个动态 CSS。

该组件还包含一幅 SVG 图像（食物和生命值的图像不同），以及一个显示数值的 div，其 class 为 counter。

(2) 将食物点数气泡和生命值气泡添加至 castle-banners 组件中：

```
template: `<div class="banners">
  <!-- 食物 -->
  <img class="food-icon" src="svg/food-icon.svg" />
  <bubble type="food" :value="player.food" :ratio="foodRatio" />
  <!-- 这里是旗帜栏 -->

  <!-- 生命值 -->
  <img class="health-icon" src="svg/health-icon.svg" />
  <bubble type="health" :value="player.health"
:ratio="healthRatio" />
  <!-- 这里是旗帜栏 -->
</div>`,
```

2. 旗帜栏

这里需要构建另外一个组件——悬挂于城堡塔顶的垂直旗帜。它的长度取决于食物点数或生命值。为了方便对旗帜的高度进行修改，我们将创建一个动态 SVG 模板。

(1) 首先，创建一个组件，该组件有两个 prop（color 和 ratio），以及一个 height 计算属性：

```
Vue.component('banner-bar', {
  props: ['color', 'ratio'],
  computed: {
    height() {
      return 220 * this.ratio + 40
    },
  },
})
```

我们已经用过两种方式来定义模板：在页面中使用 HTML，或在组件中对 template 选项设置字符串。这里将使用另外一种方法来编写组件模板：在 HTML 中编写一个特殊的<script>标签。其工作原理是在这个<script>标签中编写模板，并定义唯一的 ID；当定义组件的时候，通过这个 ID 引用该模板。

(2) 打开 banner-template.svg 文件，其中包含一幅旗帜图像的 SVG 标记内容，用作动态模板。复制文件中的内容。

3

(3) 在 index.html 文件的<div id="app">元素之后，添加一个<script>标签，其 type 为 text/x-template、id 为 banner。然后将上一步中复制的 svg 内容粘贴进去：

```
<script type="text/x-template" id="banner">
  <svg viewBox="0 0 20 260">
    <path :d="`m 0,0 20,0 0,${height} -10,-10 -10,10 z`"
    :style="`fill:${color};stroke:none;`" />
  </svg>
</script>
```

如上所示，这是一个标准模板，所有的语法和指令都可以使用。这里两次使用了 v-bind 指令的简写。注意，在所有的 Vue 模板中，都可以使用 SVG 标记内容。

(4) 现在，回到组件的定义中，添加一个 template 选项，并在#符号后面跟上<script>标签模板的 ID：

```
Vue.component('banner-bar', {
  template: '#banner',
  // ...
})
```

完成！现在组件将自动在页面中寻找 ID 为 banner 的<script>标签模板，并将其用作自己的模板。

(5) 在 castle-banners 组件中，添加两个 banner-bar 组件，并设置相应的颜色和比例：

```
template: `<div class="banners">
  <!-- 食物点数 -->
  <img class="food-icon" src="svg/food-icon.svg" />
  <bubble type="food" :value="player.food" :ratio="foodRatio" />
  <banner-bar class="food-bar" color="#288339" :ratio="foodRatio"
  />

  <!-- 生命值 -->
  <img class="health-icon" src="svg/health-icon.svg" />
  <bubble type="health" :value="player.health" :ratio="healthRatio" />
  <banner-bar class="health-bar" color="#9b2e2e"
  :ratio="healthRatio" />
</div>`,
```

现在，可以看到旗帜已经挂在城堡上了。如果修改食物点数和生命值，旗帜的高度将会随之变动。

对值做动画处理

当旗帜随着值的变化而伸缩时，如果添加一点动画效果会更加漂亮。因为需要动态修改 SVG 的路径，所以不能使用 CSS 过渡。我们需要使用另外的方法：对模板中 height 属性的值做动画处理。

(1) 首先，将模板中的计算属性 `height` 重命名为 `targetHeight`：

```
computed: {
  targetHeight() {
    return 220 * this.ratio + 40
  },
},
```

无论何时，只要 `ratio` 值发生了改变，`targetHeight` 属性将被重新计算。

(2) 添加一个新的 `height` 数据属性，每次 `targetHeight` 发生变化时，就可以对其做动画处理：

```
data() {
  return {
    height: 0,
  }
},
```

(3) 当组件创建完成之后，在 `created` 钩子中用 `targetHeight` 对 `height` 的值进行初始化。

```
created() {
  this.height = this.targetHeight
},
```

要对 `height` 的值做动画处理，需要用到流行的 **TWEEN.js** 库，它已经被添加到 index.html 文件中了。这个库的工作原理是创建一个 `Tween` 对象，并给该对象传递一个起始值、一个缓动函数以及一个结束值。这个库还提供了回调方法，例如将用于在动画过程中更新 `height` 属性的 `onUpdate`。

(4) 我们希望每当 `targetHeight` 属性发生改变时，就开始播放动画，因此可以用下面的动画代码添加一个侦听器：

```
watch: {
  targetHeight(newValue, oldValue) {
    const vm = this
    new TWEEN.Tween({ value: oldValue })
      .easing(TWEEN.Easing.Cubic.InOut)
      .to({ value: newValue }, 500)
      .onUpdate(function() {
        vm.height = this.value.toFixed(0)
      })
      .start()
  },
},
```

在 `onUpdate` 回调方法中，`this` 上下文是 `Tween` 对象，而不是 Vue 组件实例。这也是为什么我们要在代码中使用一个临时变量保存组件实例 `this`（这里是 `vm` 变量）。

(5) 在这里，还要做最后一件事来让动画生效。在main.js文件中，借助浏览器的 `requestAnimationFrame` 函数，请求浏览器绘制帧使 `TWEEN.js` 库计时：

```
// Tween.js
requestAnimationFrame(animate);

function animate(time) {
  requestAnimationFrame(animate);
  TWEEN.update(time);
}
```

如果选项卡在后台，`requestAnimationFrame` 函数会暂停调用，直到选项卡变为可见。也就是说如果用户看不见页面，动画是不会播放的，以此节约了计算机资源和电量。注意，CSS过渡和动画也是使用这种方式的。

现在，当修改玩家的食物点数和生命值时，旗帜会渐进式地伸缩。

3.5.3　云的动画

为了给游戏场景添加一点生气，我们将创建一些在天空中飘动的云朵。这些云朵的位置和动画持续时间将是随机的，并且云朵会从窗口的左边向右边飘动。

(1) 在world.js文件中，添加云朵动画的最小和最大持续时间：

```
const cloudAnimationDurations = {
  min: 10000, // 10 秒
  max: 50000, // 50 秒
}
```

(2) 接着，创建 `cloud` 组件，其中包含一幅图像和一个 `type` prop：

```
Vue.component('cloud', {
  template: `<div class="cloud" :class="'cloud-' + type" >
    <img :src="'svg/cloud' + type + '.svg'" />
  </div>`,
  props: ['type'],
})
```

这里提供了5种不同的云朵，所以 `type` prop的范围将是1～5。

(3) 我们需要通过修改响应式的 `style` 数据属性来修改组件中的 `z-index` 和 `transform` CSS属性：

```
data() {
  return {
    style: {
      transform: 'none',
```

```
        zIndex: 0,
      },
    }
  },
```

(4) 利用 v-bind 指令应用下面这些 style 属性：

```
<div class="cloud" :class="'cloud-' + type" :style="style">
```

(5) 下面创建一个新的方法，利用 transform CSS 属性设置 cloud 组件的位置：

```
methods: {
  setPosition(left, top) {
    // 使用transform可以获得更好的性能
    this.style.transform = `translate(${left}px, ${top}px)`
  },
}
```

3

(6) 当图片加载时，需要初始化云朵的水平位置，使其在可视范围之外。创建一个新方法 initPosition，该方法使用 setPosition 方法设置位置：

```
methods: {
  // ...
  initPosition() {
    // 元素宽度
    const width = this.$el.clientWidth
    this.setPosition(-width, 0)
  },
}
```

(7) 使用 v-on 指令的简写对图像添加一个监听器来监听 load 事件，并在事件发生时调用 initPosition 方法：

```
<img :src="'svg/cloud' + type + '.svg'" @load="initPosition" />
```

动画

现在，我们对云朵做动画处理。和之前的城堡旗帜一样，这里也使用 TWEEN.js 库。

(1) 首先，创建一个新的方法 startAnimation。该方法将计算出一个随机的动画持续时间，并接收一个 delay 参数：

```
methods: {
  // ...

  startAnimation(delay = 0) {
    const vm = this
    // 元素宽度
    const width = this.$el.clientWidth

    // 随机动画持续时间
    const { min, max } = cloudAnimationDurations
```

```
    const animationDuration = Math.random() * (max - min) + min

    // 将速度快的云朵放到最前面
    this.style.zIndex = Math.round(max - animationDuration)
    // 动画在这里
  },
}
```

移动速度越快，云朵的动画持续时间将越短。通过 z-index CSS 属性，将移动速度快的云朵显示在最前面。

(2) 在 startAnimation 方法中，计算出云朵的随机垂直位置，然后创建一个 Tween 对象。这个 Tween 对象将在一定的延迟之后，通过在每次更新时设置云朵的位置，以对云朵做水平移动的动画处理。当它完成时，将在随机延迟后启动另外一个动画：

```
// 随机位置
const top = Math.random() * (window.innerHeight * 0.3)

new TWEEN.Tween({ value: -width })
  .to({ value: window.innerWidth }, animationDuration).delay(delay)
  .onUpdate(function() {
    vm.setPosition(this.value, top)
  })
  .onComplete(() => {
    // 随机延迟
    this.startAnimation(Math.random() * 10000)
  })
  .start()
```

(3) 在组件的 mounted 钩子中，调用 startAnimation 方法，以播放初始动画（传入一个随机延迟）：

```
mounted() {
  // 以负值延迟开始动画
  // 所以动画将从中途开始
  this.startAnimation(-Math.random() *
cloudAnimationDurations.min)
},
```

我们的 cloud 组件完成了。

(4) 在主模板的 world 元素中添加一些云朵：

```
<div class="clouds">
  <cloud v-for="index in 10" :type="(index - 1) % 5 + 1" />
</div>
```

注意，传入 type prop 的值的范围是 1～5。这里，使用%操作符返回除以 5 的余数。

云的动画应该具有类似下面的效果。

3.6 游戏玩法

至此，所有的组件都完成了！现在只需要添加一些游戏逻辑就大功告成了。当游戏开始时，每名玩家分别抽取自己的初始手牌。

然后，玩家的每个回合都包含以下步骤：

(1) `player-turn` 浮层显示时，玩家知道到了自己的回合；
(2) `last-play` 浮层显示上一轮对手的出牌情况；
(3) 玩家单击选中卡牌完成出牌；
(4) 从玩家的手牌中移除选中的卡牌，并使卡牌的作用生效；
(5) 稍微等一会，这样玩家就能看到卡牌生效的效果了；
(6) 然后，回合结束，从当前玩家切换到另外一名玩家。

3.6.1 抽取卡牌

在抽取卡牌前，先在 `state.js` 文件中添加两个属性到应用 state 中：

```
var state = {
  // ...
  drawPile: pile,
  discardPile: {},
}
```

`drawPile` 属性是玩家可以抽牌的牌堆。使用 cards.js 中定义的 `pile` 对象对其初始化。`pile` 的每个键都是卡牌定义中的 `id`，值则是牌堆中这种类型的卡牌数量。

`discardPile` 属性与 `drawPile` 属性相同，不过它的用处是：玩家打出的所有卡牌都将从手牌中移除，并放到这个弃牌堆中。如果 `drawPile` 空了，将使用 `discardPile` 重新填满它（此时 `discardPile` 将变为空）。

1. 初始手牌

在游戏开始时，每名玩家将抽取一些卡牌。

(1) 在 utils.js 文件中，有一个函数专门为玩家抽牌：

```
drawInitialHand(player)
```

(2) 在 main.js 文件中，添加一个新的函数 beginGame，用来调用每名玩家的 drawInitialHand 函数：

```
function beginGame() {
  state.players.forEach(drawInitialHand)
}
```

(3) 在 main.js 文件中主组件的 mounted 钩子中调用该函数：

```
mounted() {
  beginGame()
},
```

2. 手牌

为了显示当前玩家手中的卡牌，需要在应用 state 中添加一个新的 getter。

(1) 在 state.js 文件中的 state 对象中添加一个 currentHand getter：

```
get currentHand() {
  return state.currentPlayer.hand
},
```

(2) 现在可以在主模板中移除 testHand 属性，并使用 currentHand 代替它：

```
<hand v-if="!activeOverlay" :cards="currentHand" @card-play="testPlayCard" />
```

(3) 你还可以移除之前在主组件中为了测试而添加的 createTestHand 方法和 created 钩子：

```
created () {
  this.testHand = this.createTestHand()
},
```

3.6.2　出牌

玩家出牌主要分为以下三个步骤：

(1) 将卡牌从玩家的手牌中移除，并将其添加到弃牌堆中，这会触发卡牌动画；
(2) 等待卡牌动画结束；
(3) 应用卡牌的效果。

1. 禁止作弊

游戏过程是不允许作弊的。我们在写游戏逻辑时，应该时刻牢记该原则。

(1) 在 state.js 文件中添加一个新的 `canPlay` 属性到应用状态中：

```
var state = {
  // ...
  canPlay: false,
}
```

这个属性用于防止玩家在回合中重复出牌：因为出牌时有许多动画需要执行和等待，所以不希望玩家在此过程中作弊。

我们会通过 `canPlay` 做两件事情：首先，当玩家出牌时，检查玩家是否已经出过一张牌；其次，在 CSS 中禁用手牌上的鼠标事件。

(2) 在主组件中添加一个 `cssClass` 计算属性。如果 `canPlay` 属性为 `true`，则添加 `can-play` CSS 类：

```
computed: {
  cssClass () {
    return {
      'can-play': this.canPlay,
    }
  },
},
```

(3) 在主模板的根 `div` 元素中添加一个动态 CSS 类：

```
<div id="#app" :class="cssClass">
```

2. 从手牌中移除卡牌

当一张卡牌被打出时，应该将其从当前玩家的手牌中移除。以下几步将完成这项任务。

(1) 在 main.js 中创建一个新函数 `playCard`，它接收一张卡牌作为参数，检查玩家是否可以出牌，然后将该卡牌从手牌中移除，并调用 `addCardToPile` 函数（定义在 utils.js 文件中）将卡牌放到弃牌堆中：

```
function playCard(card) {
  if (state.canPlay) {
    state.canPlay = false
    currentPlayingCard = card

    // 将卡牌从玩家手牌中移除
    const index = state.currentPlayer.hand.indexOf(card)
    state.currentPlayer.hand.splice(index, 1)
```

```
    // 将卡牌放到弃牌堆中
    addCardToPile(state.discardPile, card.id)
  }
}
```

这里将玩家打出的卡牌存储到 currentPlayingCard 变量中，因为后面需要应用这张卡牌的效果。

(2) 在主组件中，将 testPlayCard 方法替换为新的 handlePlayCard，后者调用 playCard 函数：

```
methods: {
  handlePlayCard(card) {
    playCard(card)
  },
},
```

(3) 不要忘记修改主模板中对 hand 组件的事件监听器：

```
<hand v-if="!activeOverlay" :cards="currentHand" @card-
play="handlePlayCard" />
```

3. 等待卡牌过渡结束

当卡牌被打出后，也就意味着已经将其从手牌列表中移除了，这将触发一个离开动画。在继续游戏之前，我们希望等到动画结束。幸运的是，<transition>和<transition-group>组件可以触发事件。

我们在这里需要的事件就是 after-leave。当然，还有其他对应每个过渡阶段的事件：before-enter、enter、atfer-enter 等。

(1) 在 hand 组件中，添加一个关于 after-leave 类型的事件监听器：

```
<transition-group name="card" tag="div" class="cards" @after-
leave="handleLeaveTransitionEnd">
```

(2) 创建一个相应的方法，发送一个 card-leave-end 事件到主模板中：

```
methods: {
  // ...
  handleLeaveTransitionEnd() {
    this.$emit('card-leave-end')
  },
},
```

(3) 在主模板的 hand 组件中，添加一个关于 card-leave-end 类型的事件监听器：

```
<hand v-if="!activeOverlay" :cards="currentHand" @card-
play="handlePlayCard" @card-leave-end="handleCardLeaveEnd" />
```

(4) 创建一个相应的方法：

```
methods: {
  // ...

  handleCardLeaveEnd() {
    console.log('card leave end')
  },
}
```

稍后将编写该方法的逻辑代码。

4. 应用卡牌效果

当卡牌动画结束后，将卡牌的效果应用到玩家身上。例如，增加当前玩家的食物点数或降低对手的生命值。

(1) 在 main.js 文件中，添加函数 applyCard，它将调用定义在 utils.js 文件中的 applyCardEffect：

```
function applyCard() {
  const card = currentPlayingCard

  applyCardEffect(card)
}
```

然后稍等一会，以便玩家能看到卡牌的效果，理解当前发生了什么。接着，检查是否有玩家“死亡”，以结束游戏（使用 utils.js 文件中定义的 checkPlayerLost 函数）或者继续下一回合。

(2) 在 applyCard 函数中，添加如下逻辑代码：

```
// 稍等一会，让玩家观察到发生了什么
setTimeout(() => {
  // 检查玩家是否“死亡”
  state.players.forEach(checkPlayerLost)

  if (isOnePlayerDead()) {
    endGame()
  } else {
    nextTurn()
  }
}, 700)
```

(3) 现在，在 applyCard 后面添加两个空函数 nextTurn 和 endGame：

```
function nextTurn() {
  // TODO
}

function endGame() {
  // TODO
}
```

(4) 现在可以修改主组件中的 handleCardLeaveEnd 方法了，让其调用刚刚创建的 applyCard 函数：

```
methods: {
  // ...

  handleCardLeaveEnd() {
    applyCard()
  },
}
```

3.6.3 下一回合

nextTurn 函数非常简单：把回合数加一，修改当前的玩家，并显示 player-turn 浮层。

在 nextTurn 函数中添加相应的代码：

```
function nextTurn() {
  state.turn++
  state.currentPlayerIndex = state.currentOpponentId
  state.activeOverlay = 'player-turn'
}
```

1. 新的回合

浮层显示过后，新的回合开始，此时还需要一些逻辑处理。

(1) 首先，利用 newTurn 函数隐藏已经显示的浮层界面。它会根据卡牌效果跳过当前玩家的回合，或者开始新的回合：

```
function newTurn() {
  state.activeOverlay = null
  if (state.currentPlayer.skipTurn) {
    skipTurn()
  } else {
    startTurn()
  }
}
```

如果某些卡牌的 skipTurn 属性为 true，那么玩家的回合将被跳过。对应的还有一个 skippedTurn 属性，会在 last-play 浮层中向下一名玩家显示对手跳过了上一回合。

(2) 创建 skipTurn 函数，将 skippedTurn 设置为 true，将 skipTurn 属性设置为 false，然后直接进入下一回合：

```
function skipTurn() {
  state.currentPlayer.skippedTurn = true
  state.currentPlayer.skipTurn = false
  nextTurn()
}
```

(3) 创建 startTurn 函数，用于重置玩家的 skippedTurn 属性。如果这是玩家的第二个回合，则让其抽一张卡牌（这样玩家在开始新的回合时，手里总是有 5 张卡牌）：

```
function startTurn() {
  state.currentPlayer.skippedTurn = false
  // 如果两名玩家都已经玩过一个回合
  if (state.turn > 2) {
    // 抽一张新的卡牌
    setTimeout(() => {
      state.currentPlayer.hand.push(drawCard())
      state.canPlay = true
    }, 800)
  } else {
    state.canPlay = true
  }
}
```

此时，可以使用 canPlay 属性允许玩家出牌了。

2. 浮层界面的关闭动作

现在，需要处理玩家单击每个浮层时触发的动作。我们将创建一个映射，键是浮层的类型，值则是操作触发时调用的函数。

(1) 将映射添加到 main.js 文件中：

```
var overlayCloseHandlers = {
  'player-turn' () {
    if (state.turn > 1) {
      state.activeOverlay = 'last-play'
    } else {
      newTurn()
    }
  },
  'last-play' () {
    newTurn()
  },
  'game-over' () {
    // 重新加载游戏
    document.location.reload()
  },
}
```

针对 player-turn 浮层，由于在第一个回合开始时，对手还没有打出任何卡牌，所以只有在第二个（或者更多）回合时，才切换到 last-play 浮层。

(2) 在主组件中，添加一个 handleOverlayClose 方法，它调用与当前显示的浮层界面（属性为 activeOverlay）相对应的动作函数：

```
methods: {
  // ...
  handleOverlayClose() {
    overlayCloseHandlers[this.activeOverlay]()
  },
},
```

(3) 在overlay组件上，添加关于close类型的事件监听器。当用户在浮层界面上单击时，将触发该监听器：

```
<overlay v-if="activeOverlay" :key="activeOverlay"
@close="handleOverlayClose">
```

3. 游戏结束

最后，在endGame函数中将activeOverlay属性设置为game-over：

```
function endGame() {
  state.activeOverlay = 'game-over'
}
```

这样，如果有玩家“死亡”，就会显示game-over浮层。

3.7　小结

卡牌游戏到此结束。我们领略了Vue的很多新特性，它们有助于轻松地构建出具有互动性的丰富体验。本章介绍并使用的最重要的一个方法就是基于组件来开发Web应用。这种方法有助于我们在开发大型应用时，将前端逻辑划分为小的、独立的、可复用的组件。我们讨论了组件之间的通信方法，包括利用prop进行从父组件到子组件的通信，以及利用自定义事件进行从子组件到父组件的通信。为了使游戏更加生动，我们还添加了一些动画和过渡效果（使用<transition>和<transition-group>特殊组件）。我们还介绍了在模板内部操作SVG，并利用<component>特殊组件动态地显示了一个组件。

在下一章中，我们将利用Vue的组件文件和其他一些功能开发更高级的应用。这些功能可以帮助我们构建出更大型的应用。

第4章

高级项目设置

4

从本章之后，我们将开始构建更复杂的应用。为此，还需要一些其他工具和库。本章将涵盖以下主题：

- 设置开发环境；
- 使用 vue-cli 搭建一个 Vue 应用的脚手架；
- 编写和使用单文件组件。

4.1 设置开发环境

为了创建更复杂的单页应用，建议使用一些工具来简化开发。在本节中，我们将安装它们来准备好开发环境。你需要在计算机上安装 Node.js 和 npm，并且确保 Node 的版本在 8.*x* 以上（推荐使用最新的 Node 版本）。

4.1.1 安装官方命令行工具 vue-cli

我们需要的第一个包是 vue-cli，这是一个可以帮助我们创建 Vue 应用的命令行工具。

(1) 在终端中输入以下命令，它会安装 vue-cli 并将其作为一个全局的包：

```
npm install -g vue-cli
```

你可能需要以管理员身份运行这个命令。

(2) 为了测试 vue-cli 可以正常运行，我们用以下命令打印它的版本：

```
vue --version
```

4.1.2　代码编辑器

任何文本编辑器都可以，但是我推荐使用 Visual Studio Code 或者 Atom。如果使用 Visual Studio Code，需要安装 octref 开发的扩展 `vetur`（https://github.com/vuejs/vetur）。如果使用 Atom，则需要安装 hedefalk 开发的扩展 `language-vue`（https://atom.io/packages/language-vue）。

JetBrains 最新版本的 WebStorm IDE 已经内建了对 Vue 的支持。

你还可以安装一些插件来支持预处理语言，如 Sass、Less 和 Stylus。

4.2　第一个完整的 Vue 应用

之前的应用都是用一种颇为传统的方法构建的：使用`<script>`标签和简单的 JavaScript。在本节中，我们将探索几种新方法，通过一些强大的功能和工具来创建 Vue 应用。此处，我们将创建一个小型项目来演示即将使用的新工具。

4.2.1　项目脚手架

vue-cli 工具使我们能够创建随时可用的应用框架，以帮助我们开始一个新项目。它与一个项目模板系统一起工作，会向你提出一些问题然后根据需求定制框架。

(1) 使用以下命令列出官方项目模板：

```
vue list
```

以下是终端中显示的列表。

```
Available official templates:

★ browserify - A full-featured Browserify + vueify setup with hot-reload, linting & unit testing.
★ browserify-simple - A simple Browserify + vueify setup for quick prototyping.
★ simple - The simplest possible Vue setup in a single HTML file
★ webpack - A full-featured Webpack + vue-loader setup with hot reload, linting, testing & css extraction.
★ webpack-simple - A simple Webpack + vue-loader setup for quick prototyping.
```

官方模板有以下 3 种主要类型。

- `simple`：不使用构建工具
- `webpack`：使用非常流行的 Webpack 打包器（推荐）
- `browserify`：使用 Browserify 构建工具

推荐的官方模板是 `webpack` 模板，它具有使用 Vue 创建整个 SPA（单页面应用）所需的全部功能。为了达到本书的目的，我们将使用 `webpack-simple` 并逐步引入功能。

想使用其中一个模板创建新的应用项目，要使用 `vue init` 命令：

```
vue init <template> <dir>
```

我们将在新的 demo 文件夹中使用 `webpack-simple` 官方模板:

(2) 运行下面的命令：

```
vue init webpack-simple demo
```

这个项目模板具有最小可用的 Webpack 配置。这条命令将问几个问题。

(3) 像这样回答 vue-cli 的问题：

```
? Project name demo
? Project description Trying out Vue.js!
? Author Your Name <your-mail@mail.com>
? License MIT
? Use sass? No
```

vue-cli 现在应该已经创建了一个 demo 文件夹。它已经自动帮我们生成了一个 package.json 文件和其他配置文件。package.json 文件非常重要，包含这个项目的主要信息。例如，它列出了项目所依赖的所有包。

(4) 进入新创建的 demo 文件夹，并安装在 `webpack-simple` 模板添加的 package.json 文件中声明的默认依赖（如 Vue 和 Webpack）：

```
cd demo
npm install
```

我们的应用现在已经设置好了！

从现在开始，我们将完全使用 ECMAScript 2015 语法和 `import/export` 关键字来使用或暴露模块（模块就是导出 JavaScript 元素的文件）。

4.2.2 创建应用

任何 Vue 应用都需要一个 JavaScript 入口文件，这是代码开始的地方。

(1) 移除 src 文件夹中的内容。

(2) 使用以下内容创建一个新的 JavaScript 文件，名为 main.js：

```
import Vue from "vue";

new Vue({
  el: "#app",
  render: h => h("div", "hello world")
});
```

首先，我们将 Vue 核心库导入文件中。然后创建了一个新的 Vue 根实例，该实例将附加到页面中 `id` 为 `app` 的元素。

vue-cli 为这个页面提供了一个默认的 index.html 文件，其中包含一个空的 `<div id ="app"></div>` 标签。你可以根据喜好编辑这个页面的 HTML。

最后，我们显示了一个包含文本 `hello world` 的 `div` 元素，这要归功于将在 4.2.3 节介绍的 `render` 选项。

运行应用

运行由 vue-cli 生成的 npm 脚本 `dev`，以开发模式启动应用：

```
npm run dev
```

这将在一个 Web 服务端口上启动 Web 应用。终端应当显示编译成功，以及使用什么 URL 访问该应用。

```
Project is running at http://localhost:4000/
webpack output is served from /dist/
404s will fallback to /index.html
```

在你的浏览器中打开此 URL 以查看结果。

4.2.3　渲染函数

Vue 使用了一个虚拟 DOM 的实现，用树状结构的 JavaScript 对象来构建虚拟 DOM。然后，Vue 将虚拟 DOM 应用到真实浏览器的 DOM 上，所用方法是计算两者之间的差异。这尽可能地避免了 DOM 操作，因为 DOM 操作通常是主要的性能瓶颈。

实际上，当你使用模板时，Vue 会将其编译成渲染函数。如果你需要 JavaScript 的全部功能和灵活性，可以自己直接编写渲染函数或编写 JSX，后者将在稍后讨论。

一个渲染函数返回树的一小部分，也就是特定于其组件的部分。它会被作为第一个参数传递给 `createElement` 方法。

按照惯例，`h` 是 `createElement` 的别名，这是编写 JSX 时非常常见和必需的。它得名于使用 JavaScript 描述 HTML 的技术——Hyperscript。

`createElement`（或称 `h`）方法最多需要 3 个参数，如下所示。

(1) 第一个参数是元素的类型。它可以是一个 HTML 标签名称（比如 `div`），在应用中注册过的组件名称，或者直接就是一个组件定义对象。

(2) 第二个参数是可选的。它是一个定义了属性、prop、事件监听器等的数据对象。

(3) 第三个参数也是可选的。它可以是简单的纯文本，也可以是一个用 `h` 创建的其他元素的数组。

以下面的 `render` 函数为例：

```
render (h) {
  return h('ul', { 'class': 'movies'}, [
    h('li', { 'class': 'movie'}, 'Star Wars'),
    h('li', { 'class': 'movie'}, 'Blade Runner'),
  ])
}
```

它将在浏览器中输出以下 DOM：

```
<ul class="movies">
  <li class="movie">Star Wars</li>
  <li class="movie">Blade Runner</li>
</ul>
```

我们将在第 6 章中详细介绍渲染函数。

4.2.4 配置 Babel

Babel 是一个非常受欢迎的 JavaScript 代码编译工具，以便我们在旧版和最新的浏览器中使用新特性（如 JSX 或箭头函数）。建议在所有正式的 JavaScript 项目中使用 Babel。

默认情况下，`webpack-simple` 模板带有默认的 Babel 配置。该配置使用名为 `env` 的 Babel 预设，支持 ES2015 以来所有稳定的 JavaScript 版本。它还包含另一个名为 `stage-3` 的 Babel 预设，支持即将推出的 JavaScript 特性，例如 Vue 社区中常用的 `async/await` 关键字和对象展开运算符。

我们需要添加 Vue 特定的第三个预设，这将增加对 JSX 的支持（我们会在 4.3.2 节中需要它）。

我们还需要包含 Babel 提供的 polyfill，以便 Promise 和 Generator 等新特性可以在旧版浏览器中运行。

polyfill 是用于检查特性在浏览器中是否可用的代码；如果不可用，它将实现这个特性，使其可以像原生的一样工作。

1. Babel Vue 预设

我们现在将在应用的 Babel 配置中安装并使用 `babel-preset-vue`。

(1) 首先，需要在开发依赖中安装这个新的预设：

```
npm i -D babel-preset-vue
```

主要的 Babel 配置是在项目根目录下已存在的.babelrc JSON 文件中完成的。

这个文件可能隐藏在文件资源管理器中，具体取决于系统（文件名以点开头）。但是，如果你的代码编辑器具有文件树视图的话，该文件应该在其中可见。

(2) 打开这个.babelrc 文件并将 `vue` 预设添加到相应的列表中：

```
{
  "presets": [
    ["env", { "modules": false}],
    "stage-3",
    "vue"
  ]
}
```

2. polyfill

我们还要添加 Babel polyfill，以便在旧版浏览器中使用新的 JavaScript 特性。

(1) 在开发依赖中安装 `babel-polyfill` 包：

```
npm i -D babel-polyfill
```

(2) 在 src/main.js 文件的开头将其导入：

```
import 'babel-polyfill'
```

这将为浏览器启用所有必要的 polyfill。

4.2.5　更新依赖

为项目搭建好脚手架后，你可能需要更新项目使用的包。

1. 手动更新

要检查项目中使用的包是否有新版本，可以在根文件夹中运行以下命令：

```
npm outdated
```

如果检测到新版本，则会显示一个表格。

Package	Current	Wanted	Latest	Location
moment	2.18.1	2.19.2		geolocated-blog
socket.io-client	2.0.3	2.0.4		geolocated-blog
vue	2.4.2	2.5.3		geolocated-blog

`Wanted` 列中是与 package.json 文件中所指定版本范围兼容的版本号。要了解更多信息，请访问 npm 文档：http://docs.npmjs.com/getting-started/semantic-versioning。

要手动更新包，请打开 package.json 文件并找到相应的行。更改版本范围并保存文件。然后，运行此命令以应用更改：

```
npm install
```

不要忘记阅读你所更新包的更改日志！可能会有你希望了解的破坏性改变或改善。

2. 自动更新

要自动更新包，可以在项目的根文件夹中使用以下命令：

```
npm update
```

该命令只会更新与 package.json 文件中所指定版本兼容的版本。如果你想将包更新为其他版本，则需要手动执行。

3. 更新 Vue

更新包含核心库的 `vue` 包时，你也应该更新 `vue-template-compiler` 包。它是使用 Webpack（或其他构建工具）时编译所有组件模板的包。

这两个包必须始终处于相同的版本。例如，如果你使用 `vue 2.5.3`，那么 `vue-template-compiler` 也应该是版本 `2.5.3`。

4.2.6　为生产而构建

想要将你的应用放到在真正的生产服务器上时，需要运行以下命令来编译项目：

```
npm run build
```

默认情况下，使用 `webpack-simple` 模板时，它会将 JavaScript 文件输出到项目的/dist 文件夹中。你只需要上传此文件夹和存在于根文件夹中的 index.html 文件。你的服务器上应该有以下文件树：

```
- index.html
- favicon.png
- [dist] - build.js
        └ build.map.js
```

4.3 单文件组件

在本节中，我们将介绍一种广泛用于创建实际生产 Vue 应用的重要格式。

Vue 具有自己的格式，名为**单文件组件**（SFC）。该格式由 Vue 团队创建，文件扩展名为.vue。它允许你用每一个文件编写一个组件，将模板以及该组件的逻辑和样式集中在一个位置。这里的主要优势在于，每个组件都明显独立，更易于维护、易于共享。

单文件组件使用类似 HTML 的语法描述 Vue 组件。它可以包含 3 种类型的根块：

- `<template>`，使用我们已经用过的模板语法描述组件的模板；
- `<script>`，其中包含组件的 JavaScript 代码；
- `<style>`，其中包含组件使用的样式。

以下是一个单文件组件的例子：

```
<template>
  <div>
    <p>{{ message }}</p>
    <input v-model="message"/>
  </div>
</template>

<script>
export default {
  data () {
    return {
      message: 'Hello world',
    }
  },
}
</script>

<style>
p {
  color: grey;
}
</style>
```

现在就来试试这个组件吧！

(1) 在 src 文件夹中新建一个 Test.vue 文件，并将上述组件源代码放入。

(2) 编辑 main.js 文件，并使用 `import` 关键字导入单文件组件：

```
import Test from './Test.vue'
```

(3) 移除 `render` 选项，使用对象展开运算符复制 `Test` 组件的定义：

```
new Vue({
  el: '#app',
  ...Test,
})
```

在上面的代码片段中，我演示了另一种将根组件添加到应用程序的方法：使用 JavaScript 展开运算符，因此`...App` 表达式会将属性复制到应用定义对象。它的主要优点是，在开发工具中不再有无用的顶层组件；它会成为我们的根组件。

(4) 继续，打开终端中显示的 URL 以查看结果。

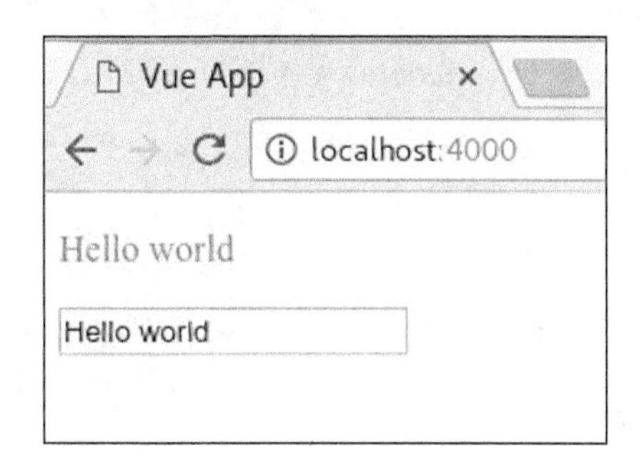

4.3.1 模板

`<template>`标签包含组件的模板。像之前介绍的一样，它是带有 Vue 特殊语法（指令、文本插值、简写等）的 HTML。

以下是单文件组件中`<template>`标签的示例：

```
<template>
  <ul class="movies">
    <li v-for="movie of movies" class="movie">
      {{movie.title}}
    </li>
  </ul>
</template>
```

在这个例子中，组件的模板由一个 `ul` 元素组成，它包含了显示电影标题的 `li` 元素列表。

如果你没有在单文件组件中放置一个`<template>`标签，则要编写一个渲染函数，否则你的组件将无效。

使用 Pug

Pug（以前称为 Jade）是一种编译到 HTML 的语言。我们可以在 lang 属性设置为"pug"的<template>标签内使用它：

```
<template lang="pug">
ul.movies
  li.movie Star Wars
  li.movie Blade Runner
</template>
```

为了能够编译单文件组件中的 Pug 代码，我们需要安装这些包：

```
npm install --save-dev pug pug-loader
```

开发所需的包称为开发依赖，应该使用--save-dev 标志进行安装。应用运行需要的直接依赖（例如，将 Markdown 编译为 HTML 的包）应该使用--save 标志进行安装。

4.3.2 脚本

<script>标签包含与组件有关联的 JavaScript 代码。它应该导出组件定义对象。

这是一个<script>标签的例子：

```
<script>
export default {
  data () {
    return {
      movies: [
        {title: 'Star Wars'},
        {title: 'Blade Runner'},
      ],
    }
  },
}
</script>
```

在这个例子中，组件将有一个 data 钩子返回包含 movies 数组的初始状态。

如果你不需要组件选项中的任何选项（默认为空对象），<script>标签是可选的。

JSX

JSX 是在 JavaScript 代码中用来表示 HTML 标记的特殊符号。它使负责描述视图的代码在更接近纯 HTML 语法的同时，仍具有 JavaScript 的全部功能。

以下是使用 JSX 编写渲染函数的示例：

```
<script>
export default {
  data () {
    return {
      movies: [
        {title: 'Star Wars'},
        {title: 'Blade Runner'},
      ],
    }
  },
  render (h) {
    const itemClass = 'movie'
    return <ul class='movies'>
      {this.movies.map(movie =>
        <li class={ itemClass }>{ movie.title }</li>
      )}
    </ul>
  },
}
</script>
```

你可以在花括号内使用任何 JavaScript 表达式。

正如你在这个例子中看到的，可以使用任意 JavaScript 代码来组成我们的视图。我们甚至可以使用 `movies` 数组的 `map` 方法为每一项返回一些 JSX。我们还使用了一个变量来动态设置电影元素的 CSS 类。

在编译过程中，真正发生的事情是 `babel-preset-vue` 中的一个特殊模块（名为 `babel-plugin-transform-vue-jsx`）将 JSX 代码转换为纯 JavaScript 代码。编译之后，前面的渲染函数将如下所示：

```
render (h) {
  const itemClass = 'movie'
  return h('ul', { class: 'movies'},
    this.movies.map(movie =>
      h('li', { class: itemClass}, movie.title)
    )
  )
},
```

如你所见，JSX 是一种有助于编写渲染函数的语法。最终的 JavaScript 代码将非常接近我们使用 `h`（或 `createElement`）手动编写的代码。

我们将在第 6 章中更详细地介绍渲染函数。

4.3.3 样式

单文件组件可以包含多个<style>标签，以将 CSS 添加到与此组件相关的应用中。

下面是一个非常简单的组件样式示例，它将一些 CSS 规则应用于.movies 类：

```
<style>
.movies {
  list-style: none;
  padding: 12px;
  background: rgba(0, 0, 0, .1);
  border-radius: 3px;
}
</style>
```

1. 有作用域的样式

可以使用<style>标签的 scoped 属性将标签内的 CSS 作用域限定在当前组件中。这意味着这个 CSS 只会应用于这个组件模板里的元素。

例如，我们可以使用 movie 等通用类名称，并确保它不会与应用的其他部分发生冲突：

```
<style scoped>
.movie:not(:last-child) {
  padding-bottom: 6px;
  margin-bottom: 6px;
  border-bottom: solid 1px rgba(0, 0, 0, .1);
}
</style>
```

结果将如下所示。

起作用了，这要归功于 PostCSS（一种处理工具）应用到模板和 CSS 的一个特殊属性。例如，思考以下包含有作用域的样式的组件：

```
<template>
  <h1 class="title">Hello</h1>
</template>

<style scoped>
.title {
  color: blue;
}
</style>
```

它和以下组件是等价的：

```
<template>
  <h1 class="title" data-v-02ad4e58>Hello</h1>
</template>

<style>
.title[data-v-02ad4e58] {
  color: blue;
}
</style>
```

正如你所看到的，一个独特的属性被添加到了所有模板元素和所有 CSS 选择器上，以便它只匹配这个组件的模板，并且不会与其他组件发生冲突。

有了有作用域的样式并不意味不再需要类。由于浏览器渲染 CSS 的方式，选择带有属性的元素时可能会出现性能损失。例如，当样式作用域限定到组件时，`li { color: blue; }`会比`.movie { color: blue; }`慢许多倍。

2. 添加预处理器

现在，CSS 很少被直接使用。普遍做法是用更强大、功能更丰富的预处理语言编写样式。

在`<style>`标签上，我们可以用 `lang` 属性指定使用其中一种语言。

我们将把这个模板作为组件的基础：

```
<template>
  <article class="article">
    <h3 class="title">Title</h3>
  </article>
</template>
```

- **Sass**

Sass 是许多科技公司使用的著名 CSS 预处理器。

(1) 要在组件中启用 Sass，请安装以下包：

```
npm install --save-dev node-sass sass-loader
```

(2) 然后，在你的组件中，添加一个 `lang` 属性为`"sass"`的`<style>`标签：

```
<style lang="sass" scoped>
  .article
    .title
      border-bottom: solid 3px rgba(red, .2)
 </style>
```

(3) 现在，用 `vue build` 命令测试你的组件。应该有一个与下图相似的结果。

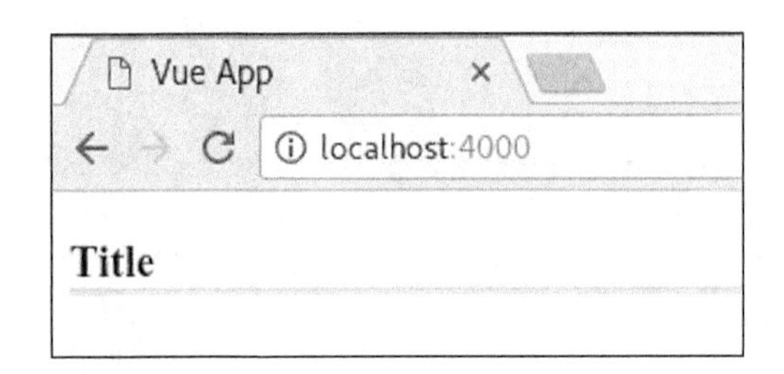

如果你想使用 Sass 的 SCSS 语法变体，需要使用 `lang ="scss"`。

- **Less**

Less 有比其他 CSS 预处理语言更简单的语法。

(1) 要使用 Less，你需要安装以下包：

```
npm install --save-dev less less-loader
```

(2) 然后，在你的组件中将 `lang` 属性设置为`"less"`：

```
<style lang="less" scoped>
.article {
  .title {
    border-bottom: solid 3px fade(red, 20%);
  }
}
</style>
```

- **Stylus**

Stylus 比 Less 和 Sass 更年轻，也很受欢迎。

(1) 最后，对于 Stylus 来说，你需要这些包：

```
npm install --save-dev stylus stylus-loader
```

(2) 在`<style>`标签上，将 `lang` 属性设置为`"stylus"`：

```
<style lang="stylus" scoped>
.article
  .title
    border-bottom solid 3px rgba(red, .2)
</style>
```

4.3.4　组件内的组件

既然知道了如何编写一个单文件组件，我们希望在其他组件中使用它们来组成应用的界面。

要在另一个组件中使用组件，我们需要导入它并将它暴露在模板中。

(1) 首先，创建一个新组件。例如，这是一个 Movie.vue 组件：

```
<template>
  <li class="movie">
    {{movie.title}}
  </li>
</template>

<script>
export default {
  props: ['movie'],
}
</script>

<style scoped>
.movie:not(:last-child) {
  padding-bottom: 6px;
  margin-bottom: 6px;
  border-bottom: solid 1px rgba(0, 0, 0, .1);
}
</style>
```


如果尚未创建的话，那么还需要一个 Movies.vue 组件。它应该是这样的：

```
<template>
  <ul class="movies">
    <li v-for="movie of movies" class="movie">
      {{movie.title}}
    </li>
  </ul>
</template>

<script>
export default {
  data () {
    return {
      movies: [
        {id: 0, title: 'Star Wars'},
        {id: 1, title: 'Blade Runner'},
      ],
    }
  },
}
</script>
```

(2) 然后，在 Movies 组件的脚本中导入 Movie 单文件组件：

```
<script>
import Movie from './Movie.vue'

export default {
```

```
  // ...
}
</script>
```

(3) 使用对象（键是我们将在模板中使用的名称，值是组件定义）设置 `components` 选项，将一些组件暴露给模板：

```
export default {
  components: {
    Movie,
    // 相当于`Movie: Movie,`
  },

  // ...
}
```

(4) 我们现在可以在模板中通过`<Movie>`标签使用这个组件：

```
<template>
  <ul class="movies">
    <Movie v-for="movie of movies"
      :key="movie.id"
      :movie="movie" />
  </ul>
</template>
```

如果你在使用 JSX，则不需要 `components` 选项。这是因为如果以大写字母开头，则可以直接使用组件定义：

```
import Movies from './Movies.vue'

export default {
  render (h) {
    return <Movies/>
    // 无须通过 components 选项注册 Movies
  }
}
```

4.4　小结

在本章中，我们安装了几个工具，使我们能够使用推荐的方法编写一个真正可用于生产环境的应用。现在，我们可以搭建整个项目框架，开始构建出色的新应用了。我们可以用各种方式编写组件，比如单文件组件这样清晰和可维护的方式。我们可以在应用或其他组件内部使用这些组件，来构建具有多个可复用组件的用户界面。

在下一章中，我们将用目前学到的知识构建第三个应用，还会介绍一些新的主题，比如路由！

第 5 章

项目 3：支持中心

在本章中，我们将使用路由系统构建一个更为复杂的应用程序（这意味着有多个虚拟页面），作为一家名为 My Shirt Shop 的虚构公司的支持中心。它将包含两个主要部分：

- 一个 FAQ（常见问题解答）页面，包含几个问题和答案；
- 一个支持工单管理页面，用户能够在此显示和创建新的工单。

这个应用将具有一个认证系统，允许用户创建账户或登录。

我们将首先创建一些基本路由，然后整合这个账户系统来完成关于路由的更高级主题。本章中，我们将尽可能复用代码并应用最佳实践。

5.1 通用应用结构

作为开头，我们将创建项目结构，并了解有关路由和页面的更多信息。

5.1.1 项目设置

为了设置项目，需要遵循以下步骤。

(1) 首先，用 `vue init webpack-simple <folder>`命令生成一个 Vue 项目，就像我们在第 4 章中所做的那样：

```
vue init webpack-simple support-center
cd support-center
npm install
npm install --save babel-polyfill
```

(2) 安装编译 Stylus 代码所需的包（我们的样式将使用 Stylus 编写）：

- `stylus`
- `stylus-loader`

```
npm install --save-dev stylus stylus-loader
```

别忘了使用`--save-dev`标志将开发工具包保存在package.json文件的开发依赖中。

(3) 移除src文件夹中的内容，我们将在其中放置应用的所有源代码。

(4) 然后创建一个main.js文件，包含创建Vue应用所需的代码：

```
import 'babel-polyfill'
import Vue from 'vue'

new Vue({
  el: '#app',
  render: h => h('div', 'Support center'),
})
```

你现在可以尝试使用`npm run dev`命令运行应用了！

(5) 这个应用的大部分样式已经准备好了。下载本章的源代码文件（文件夹名为chapter5-download）并将Stylus文件解压缩到src目录下的style文件夹中。并且解压assets文件夹。

5.1.2　路由和页面

我们的应用将分为6个主要页面：

- ❑ 主页
- ❑ 公共FAQ页面
- ❑ 登录页面
- ❑ 工单页面
- ❑ 发送新工单的页面
- ❑ 显示工单详情和对话的页面

路由是表示应用state的路径，通常以页面的形式显示。每个路由都与一个URL模式相关联，后者在地址匹配时触发路由。然后，相应的页面将呈现给用户。

1. Vue插件

为了在我们的应用中启用路由，需要一个名为`vue-router`的官方Vue插件。Vue插件是一些旨在向Vue库添加更多功能的JavaScript代码。你可以在npm注册中心找到很多插件。我推荐`awesome-vue` GitHub仓库，它将插件按类别排列。

(1) 在项目目录中使用以下命令从npm下载`vue-router`包：

```
npm install --save vue-router
```

我们需要在 main.js 文件旁边创建新文件 router.js，并把所有与路由有关的代码放进去。然后，用全局的 `Vue.use()` 方法安装想要使用的插件（在本例中是 `vue-router`）。

(2) 创建 router.js 文件，并从相应的包中导入 `Vue` 库和 `VueRouter` 插件：

```
import Vue from 'vue'
import VueRouter from 'vue-router'
```

(3) 然后将该插件安装到 Vue 中：

```
Vue.use(VueRouter)
```

`vue-router` 插件现在已经可以使用了！

2. 使用 `vue-router` 创建第一个路由

在本节中，我们将展示在 Vue 应用中设置路由所需的步骤。

- **使用 router-view 进行布局**

在添加路由之前，我们需要为应用设置一个布局。这是将要渲染路由组件的地方。

(1) 在 src 目录中新建一个 components 文件夹，并在文件夹中创建一个名为 `AppLayout.vue` 的组件。

(2) 编写组件的模板——一个`<div>`元素，其中内嵌一个包含图像和一些文字的`<header>`元素。然后，在`<header>`之后添加一个`<router-view />`组件：

```
<template>
  <div class="app-layout">
    <header class="header">
      <div><img class="img"
        src="../assets/logo.svg"/></div>
      <div>My shirt shop</div>
    </header>

    <!-- 菜单将放在这里 -->
    <router-view />
  </div>
</template>
```

`<router-view />`组件是由 `vue-router` 插件提供的一个特殊组件，它将渲染匹配当前路由的组件。它不是一个真正的组件，因为它没有自己的模板，并且不会出现在 DOM 中。

(3) 在模板之后添加一个`<style>`标签，从先前在 5.1.1 节中下载的 styles 文件夹导入主 Stylus 文件。别忘记使用 `lang` 属性指定我们正在使用 `stylus`：

```
<style lang="stylus">
@import '../style/main';
</style>
```

5

(4) 因为单文件组件中可以有任意多个<style>标签，所以添加另一个<style>标签，但这次要限定范围。我们将在第二个<style>标签中指定 header logo 的大小：

```
<style lang="stylus" scoped>
.header {
  .img {
    width: 64px;
    height: 64px;
  }
}
</style>
```

为了提高性能，建议在范围样式中使用 class。

我们已经准备好将布局组件放到应用中了！

(5) 在 main.js 文件中，将其导入并渲染在 Vue 根实例上：

```
import AppLayout from './components/AppLayout.vue'

new Vue({
  el: '#app',
  render: h => h(AppLayout),
})
```

我们现在还无法启动应用，因为还没有完成路由！

如果查看浏览器的控制台，你可能会看到一条错误消息，抱怨缺少<router-view />组件。这是因为我们没有导入在 Vue 中安装 vue-router 插件的 router.js 文件，所以应用中还没有包含该代码。

- **创建路由**

让我们为测试路由创建几个页面。

(1) 在 components 文件夹中创建一个 Home.vue 组件，其中包含一个带有<main>元素、标题和一些文本的简单模板：

```
<template>
  <main class="home">
    <h1>Welcome to our support center</h1>
    <p>
      We are here to help! Please read the <a>F.A.Q</a> first,
      and if you don't find the answer to your question, <a>send
      us a ticket!</a>
    </p>
  </main>
</template>
```

(2) 然后，在 Home.vue 旁边创建一个 FAQ.vue 组件。它也应该包含一个<main>元素，你可以在其中添加一个简单的标题：

```
<template>
  <main class="faq">
   <h1>Frenquently Asked Questions</h1>
  </main>
</template>
```

现在我们有了创建几个路由所需的组件。

(3) 在 router.js 文件中，导入刚刚创建的两个组件：

```
import Home from './components/Home.vue'
import FAQ from './components/FAQ.vue'
```

(4) 然后，创建一个 routes 数组：

```
const routes = [
  // 路由将放在这里
]
```

路由是包含路径、名称和要渲染组件的对象：

```
{ path: '/some/path', name: 'my-route', component: ... }
```

这个路径是激活当前路由所需要匹配的 URL 模式。这个组件将渲染在特殊的<router-view />组件中。

路由名称是可选的，但我强烈建议使用它。它允许你指定路由的名称而不是路径，以便在移动和更改路由时不会导致链接失效。

(5) 记住了这一点，我们现在可以在 routes 数组中添加两个路由：

```
const routes = [
  { path: '/', name: 'home', component: Home },
  { path: '/faq', name: 'faq', component: FAQ },
]
```

让我们思考一下它会做些什么：

- 当浏览器 URL 是 http://localhost:4000/时，Home.vue 组件将被渲染；
- 当 URL 是 http://localhost:4000/faq/时，将显示 FAQ.vue 组件。

● **路由器对象**

随着路由准备就绪，我们需要创建一个 router 对象来为我们管理路由。我们将使用 vue-router 包中的 VueRouter 构造函数。它需要一个 options 对象作为参数。现在我们要使用 routes 参数。

(1) 在 router.js 文件中的 routes 数组之后，创建一个新的 router 对象，并指定 routes 参数：

```
const router = new VueRouter({
  routes,
})
```

安装的这个插件也是路由器的构造函数，所以我们使用相同的 VueRouter 变量。VueRouter 实际上是一个有效的 Vue 插件，因为它有一个 install 方法。我们将在本章创建自己的插件！

(2) 导出 router 对象作为模块的默认导出值：

```
export default router
```

(3) 现在回到 main.js 文件，我们需要为 Vue 应用提供路由器对象。导入我们刚创建的 router：

```
import router from './router'
```

(4) 然后将其作为一个定义选项添加到 Vue 根实例中：

```
new Vue({
  el: '#app',
  render: h => h(AppLayout),
  // 将路由器提供给应用
  router,
})
```

这就是让路由能够工作所需要的所有操作！你现在可以尝试将浏览器中的 URL 更改为 http://localhost:4000/#/或 http://localhost:4000/#/faq，每次都会获得不同的页面：

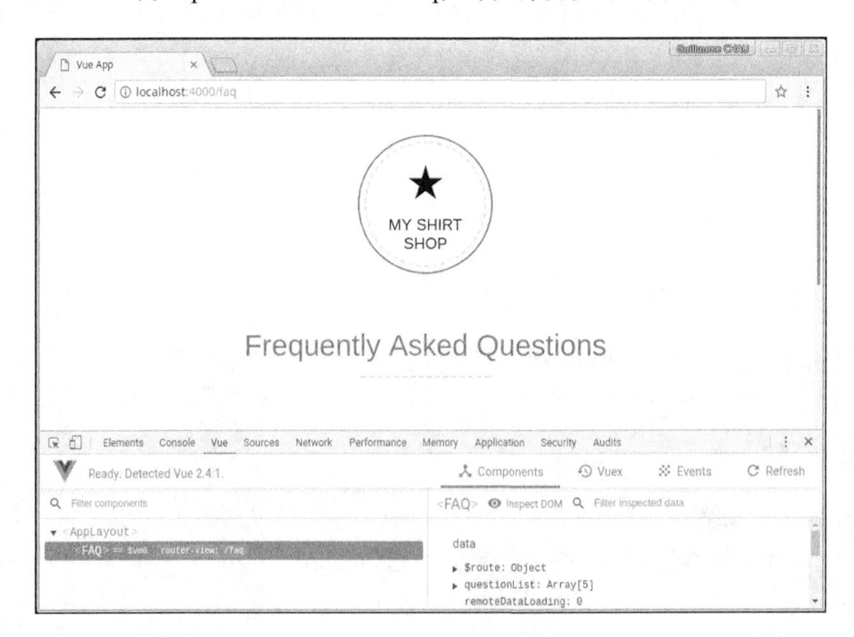

不要忘记 URL 中的#字符。在不改变真实网页的情况下伪造路由更改时，它是必需的。这是默认的路由器模式，称为 hash。该模式可以与任何浏览器和服务器一起使用。

- **路由模式**

我们可以在构造器选项中使用 mode 参数更改路由器模式，可以是 hash（默认）、history 或 abstract。

hash 模式是我们已经在使用的默认模式。这是“最安全”的选择，因为它与任何浏览器和服务器都兼容。它使用 URL 的 hash 部分（指#符号后面的部分），并对其进行更改或响应其变化。最大的好处是，改变 hash 部分不会改变应用运行的真实网页（改变真实网页是非常不好的）。显而易见的缺点则是，它迫使我们使用不那么优雅的#符号将 URL 分成两部分。

感谢 HTML5 的 history.pushState API，我们可以摆脱这个#符号，并为应用获得一个真实的 URL！我们需要在构造函数中将模式更改为 history：

```
const router = new VueRouter({
  routes,
  mode: 'history',
})
```

现在可以在我们的单页应用中使用诸如 http://localhost:4000/faq 等优雅的 URL 了！但有如下两个问题。

- 浏览器需要支持这个 HTML5 API，这意味着它不能在 Internet Explorer 9 或更低版本上工作（所有其他主流浏览器都已经支持它一段时间了）。
- 服务器必须配置为当访问诸如/faq 之类的路由时发送主页而不是抛出 404 错误，因为它并不真正存在（没有名为 faq.html 的文件）。这也意味着我们将不得不自己实现 404 页面。

值得庆幸的是，vue build 使用的 Webpack 服务器被配置为默认支持此功能。所以你可以继续尝试这个新的 URL：http://localhost:4000/faq！

第三种模式称为 abstract，可以在任何 JavaScript 环境中使用（包括 Node.js）。如果没有可用的浏览器 API，路由器将被迫使用此模式。

3. 创建导航菜单

在应用中加入适当的导航菜单而不是手动输入网址将会很棒！让我们在 components 文件夹中创建一个新的 NavMenu.vue 文件：

```
<template>
  <nav class="menu">
    <!-- 链接在这里 -->
```

```
  </nav>
</template>
```

接下来，将它添加到布局中。在AppLayout中导入新组件：

```
<script>
import NavMenu from './NavMenu.vue'

export default {
  components: {
    NavMenu,
  },
}
</script>
```

然后将其添加到AppLayout模板中：

```
<header class="header">
  <div><img class="img" src="../assets/logo.svg"/></div>
  <div>My shirt shop</div>
</header>

<NavMenu />
```

- **路由器链接**

vue-router插件为我们提供了另一个方便的特殊组件——<router-link>。当这个组件被点击时，就会变为指定路由，这要归功于它的to prop。默认情况下，它将是一个HTML <a>元素，但可以使用tag prop来自定义。

例如，FAQ页面的链接是：

```
<router-link to="/faq">FAQ</router-link>
```

to prop也可以使用包含name属性的对象而不是路径：

```
<router-link :to="{ name:'faq' }">FAQ</router-link>
```

这将动态地为路由生成正确的路径。我建议使用第二种方法，而不是只指定路径——这样，如果更改路由的路径，导航链接仍然可以工作。

当使用对象记法时，不要忘记用v-bind或者:简写来绑定to prop，否则router-link组件会得到一个字符串，并且不会理解它是一个对象。

现在可以添加链接到NavMenu组件了：

```
<template>
  <nav class="menu">
    <router-link :to="{ name:'home' }">Home</router-link>
    <router-link :to="{ name:'faq' }">FAQ</router-link>
```

```
  </nav>
</template>
```

你现在应该在应用中有了一个可以工作的菜单。

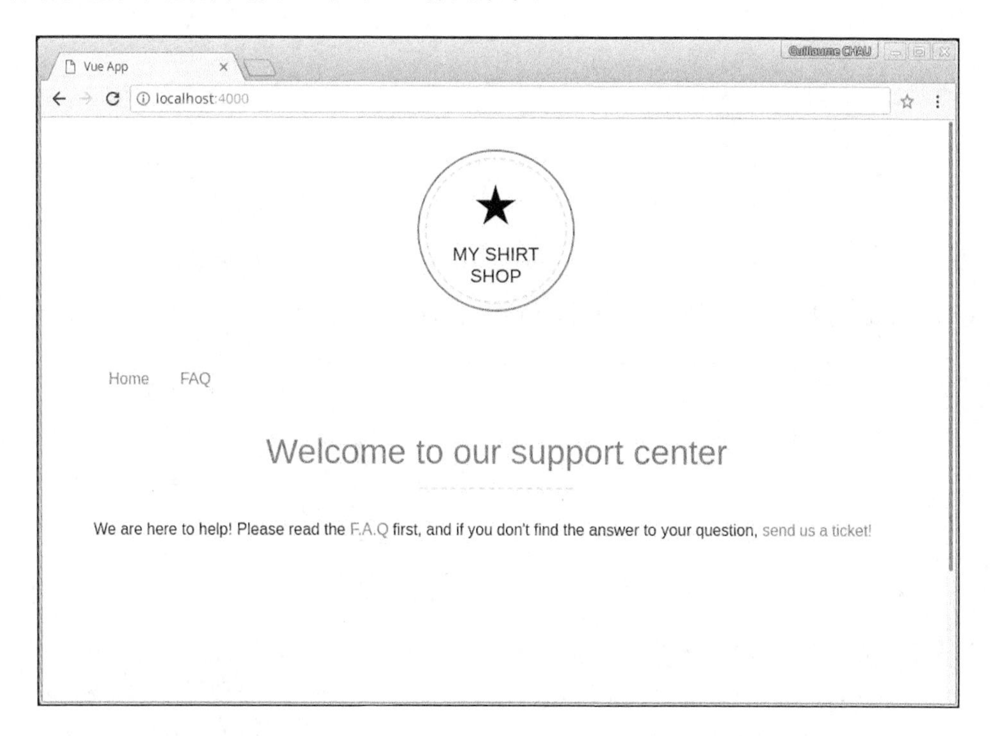

- **active class**

路由器链接在与其关联的路由当前处于激活状态时获取 active class。默认情况下，组件使用 `router-link-active` CSS 类，因此你可以相应地更改其视觉效果。

(1) 在我们的 `NavMenu.vue` 组件中，使用 Stylus 声明一些有作用域的样式来给激活链接添加底部边框：

```
<style lang="stylus" scoped>
@import '../style/imports';

.router-link-active {
  border-bottom-color: $primary-color;
}
</style>
```

我们使用的 `$primary-color` 变量来自 `@import '../style/imports';` 语句，后者导入了包含 Stylus 变量的 imports.styl 文件。

如果现在尝试运行应用，你会发现菜单里有些奇怪的事情发生。如果跳转到 Home 页面，它会按预期工作。

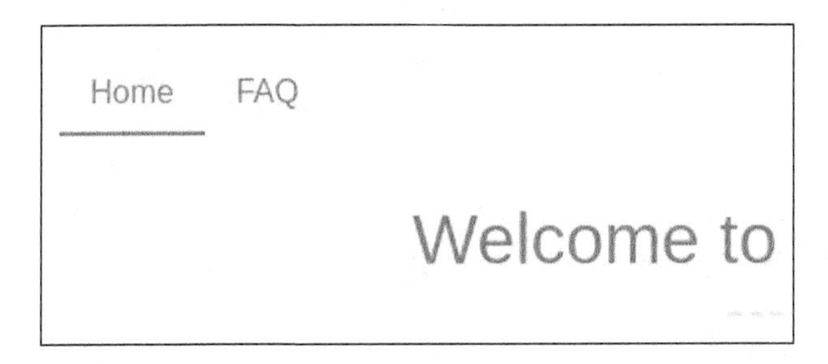

但是当你进入 FAQ 页面时，Home 和 FAQ 链接都会高亮显示。

这是因为在默认情况下，active class 匹配行为是包容的！这意味着如果路径为/faq 或以/faq/开头，<router-link to ="/faq">都将获得 active class。但是这也意味着如果当前路径以/开头，那么<router-link to ="/">都将得到该 class，这包括了所有可能的路径！这就是为什么我们的首页链接将永远得到这个 class。

为了防止发生这种情况，有一个 exact prop，它是个布尔值。如果设置其为 true，则仅在当前路径完全匹配时，链接才能获得 active class。

(2) 将 exact 属性添加到 Home 链接上：

```
<router-link :to="{ name:'home' }" exact>Home</router-link>
```

现在，应该只有 FAQ 链接被高亮显示了。

5.2 FAQ——使用 API

在本节中，我们将创建 FAQ 页面，它会从服务器获取数据。它将显示一个加载动画，然后显示问题和答案的列表。

5.2.1 服务器设置

这是我们将与服务器进行通信的第一个应用。你将获得一个具有现成 API 的服务器。

你可以下载服务器文件（见 chapter5-download）。将它们解压缩到应用之外的其他文件夹中，并运行以下命令来安装依赖并启动服务器：

```
cd server_folder
npm install
npm start
```

你现在应该有一个服务器运行在 3000 端口上。完成此操作后，可以使用真正的后端继续构建应用了！

5.2.2 使用 fetch

在 FAQ.vue 单文件组件中，我们将使用 Web 浏览器的标准 fetch API 从服务器获取问题。这个请求将是一个到 http://localhost:3000/questions 的简单 GET 请求，没有身份验证。每个问题对象都有 title 和 content 字段。

(1) 打开 FAQ.vue 并在组件脚本中添加 questions 数据属性，它将保存从服务器中获取的问题数组。我们还需要一个 error 属性来显示网络请求期间的报错消息：

```
<script>
export default {
  data () {
    return {
      questions: [],
      error: null,
    }
  },
}
</script>
```

(2) 现在我们可以通过 v-for 循环向模板添加问题和答案，以及以下错误消息：

```
<template>
  <main class="faq">
    <h1>Frequently Asked Questions</h1>

    <div class="error" v-if="error">
      Can't load the questions
```

5

```
    </div>

    <section class="list">
      <article v-for="question of questions">
        <h2 v-html="question.title"></h2>
        <p v-html="question.content"></p>
      </article>
    </section>
  </main>
</template>
```

我们已经准备好获取数据了！fetch API 是基于 Promise 的，使用起来非常简单。以下是 fetch 用法的示例：

```
fetch(url).then(response => {
  if (response.ok) {
    // 返回一个新的 Promise
    return response.json()
  } else {
    return Promise.reject('error')
  }
}).then(result => {
  // 成功
  console.log('JSON:', result)
}).catch(e => {
  // 失败
  console.error(e)
})
```

我们首先调用 fetch，第一个参数是请求的 URL。这返回了一个带有 response 对象的 Promise，该对象包含有关请求结果的信息。如果成功，我们使用 response.json()，它返回带有 JSON 解析结果对象的新 Promise。

当路由匹配时，请求将在组件创建后立即在内部生成。这意味着你应该在组件定义中使用 created 生命周期钩子：

```
data () {
  // ...
},
created () {
  // 在这里 fetch
},
```

如果一切顺利，我们将使用 JSON 解析结果设置 questions 属性。否则，将显示一条错误消息。

(3) 使用正确的 URL 调用 fetch：

```
created () {
  fetch('http://localhost:3000/questions')
},
```

(4) 添加带有 response 对象的第一个 then 回调函数：

```
fetch('http://localhost:3000/questions').then(response => {
  if (response.ok) {
    return response.json()
  } else {
    return Promise.reject('error')
  }
})
```

(5) 因为 response.json()返回了一个新的 Promise，所以需要另一个 then 回调函数：

```
  // ...
}).then(result => {
  // 结果是来自服务器的 JSON 解析而成的对象
  this.questions = result
})
```

(6) 最后，我们捕获所有可能的错误以显示错误消息：

```
  // ...
}).catch(e => {
  this.error = e
})
```

以下是 created 钩子的概要：

```
created () {
  fetch('http://localhost:3000/questions').then(response => {
    if (response.ok) {
      return response.json()
    } else {
      return Promise.reject('error')
    }
  }).then(result => {
    this.questions = result
  }).catch(e => {
    this.error = e
  })
},
```

我们可以使用 JavaScript 关键字 async 和 await 重写这段代码，使其看起来像同步执行的代码：

```
async created () {
  try {
    const response = await fetch('http://localhost:3000/questions')
    if (response.ok) {
      this.questions = await response.json()
    } else {
      throw new Error('error')
    }
  } catch (e) {
```

```
    this.error = e
  }
},
```

现在尝试这个页面，应当显示问题和答案的列表。

Frequently Asked Questions

Why won't my discount code work?

Inventore iste reprehenderit aut reiciendis repellendus. Quas cumque aliquam accusantium et itaque quisquam voluptatem. Commodi quo quia occaecati dicta ratione qui at tempore. At saepe est et saepe accusamus voluptates.

How do i return an item?

Voluptate cupiditate officia quia accusantium. Fugiat ut praesentium quia ut et labore reiciendis fugit. Voluptas eos maiores itaque aut. Sequi harum dolor neque sunt rerum iste ducimus. Quas sapiente cumque voluptatem repudiandae ipsum. Natus quis aut aut fugiat. Nisi non sed reprehenderit mollitia commodi et qui error. Velit autem omnis et repellendus facere libero praesentium. Sit aut possimus eligendi consectetur beatae. Iste et officia delectus modi ratione inventore enim voluptatem.

为了查看错误管理能否正常工作，可以转到服务器运行的控制台并停止它（例如，使用 Ctrl+C 快捷键）。然后，你可以重新加载应用，应该会显示以下错误消息。

Frequently Asked Questions

Can't load the questions

加载动画

还有最后一件遗漏的事情——我们应该显示一个加载动画，通知用户正在进行一项操作，而不是显示空白屏幕。为了实现这个效果，服务器伪造 `/questions` 请求的 1.5 秒延迟，以便我们可以轻松地看到加载动画。

由于要在多个组件中显示加载动画，因此我们将创建一个新的全局组件。

(1) 在 components 文件夹中，使用以下模板创建一个新的 Loading.vue 文件：

```
<template>
  <div class="loading">
    <div></div>
  </div>
</template>
```

(2) 在 main 文件夹中的 main.js 文件旁创建一个新的 global-components.js 文件。在这个文件中，我们将使用 `Vue.component()`方法全局地注册 `Loading` 组件：

```
import Vue from 'vue'
import Loading from './components/Loading.vue'

Vue.component('Loading', Loading)
```

我们将在这个文件中注册应用中使用的所有全局组件。

(3) 然后，在 main.js 文件中导入 `global-components.js` 模块：

```
import './global-components'
```

(4) 回到 `FAQ.vue` 组件，我们需要一个新的 `loading` 布尔数据属性来切换动画的显示：

```
data () {
  return {
    questions: [],
    error: null,
    loading: false,
  }
},
```

(5) 在模板中，添加加载动画：

```
<Loading v-if="loading" />
```

(6) 最后，修改一下 `created` 钩子，在开始的时候设置 `loading` 为 `true`；当一切都完成时，设置为 `false`：

```
async created () {
  this.loading = true
  try {
    const response = await
fetch('http://localhost:3000/questions')
    // ...
  } catch (e) {
    this.error = e
  }
  this.loading = false
}
```

现在重新加载页面，可以看到在问题出现之前有简短的加载动画。

Frequently Asked Questions

5.2.3　用自己的插件扩展 Vue

由于将在应用的多个组件中使用 `fetch`，并且希望尽可能复用代码，所以在所有组件上最好有一个方法能够使用预定义的 URL 向服务器发出请求。

这是一个自定义 Vue 插件的好例子！别担心，编写插件其实很简单。

1. 创建一个插件

要创建插件，只有一个规则——插件应该是一个带有 `install` 方法的对象，该方法接收 Vue 构造函数作为第一个参数以及一个可选的 `options` 参数。然后，该方法将通过修改构造函数为框架添加新特性。

(1) 在 src 文件夹中创建一个新的 plugins 文件夹。

(2) 在 plugins 文件夹中创建一个 fetch.js 文件，我们将在其中编写插件。在这个例子中，我们的插件将在所有组件上添加一个新的`$fetch` 特殊方法。我们将通过改变 Vue 的原型来做到这一点。

(3) 让我们通过导出一个带有 `install` 对象的方法，尝试创建一个非常简单的插件：

```
export default {
  install (Vue) {
    console.log('Installed!')
  }
}
```

这样就完成了！我们创建了一个 Vue 插件！现在，需要将其安装到我们的应用中。

(4) 在 main.js 文件中导入这个插件，然后像我们为 `vue-router` 所做的那样调用 `Vue.use()` 方法：

```
import VueFetch from './plugins/fetch'
Vue.use(VueFetch)
```

你现在应该能在浏览器控制台中看到消息 `Installed!`。

2. 插件选项

我们可以使用 options 参数配置插件。

(1) 编辑 install 方法，在 Vue 之后添加这个参数：

```
export default {
  install (Vue, options) {
    console.log('Installed!', options)
  },
}
```

现在可以将配置对象添加到 main.js 文件的 Vue.use()方法中了。

(2) 添加一个 baseUrl 属性到配置中：

```
Vue.use(VueFetch, {
  baseUrl: 'http://localhost:3000/',
})
```

现在应该可以在浏览器控制台中看到 options 对象。

(3) 将 baseUrl 存储到一个变量中，以便稍后使用：

```
let baseUrl

export default {
  install (Vue, options) {
    console.log('Installed!', options)

    baseUrl = options.baseUrl
  },
}
```

3. $fetch 方法

现在，我们将编写$fetch 方法。此处将采用我们在 FAQ 组件的 created 钩子中使用的大部分代码。

(1) 使用 fetch 实现$fetch 方法：

```
export async function $fetch (url) {
  const response = await fetch(`${baseUrl}${url}`)
  if (response.ok) {
    const data = await response.json()
    return data
  } else {
    const error = new Error('error')
    throw error
  }
}
```

我们将其导出，以便在普通的 JavaScript 代码中使用它。url 参数现在只是没有域名的查询路径，域名则位于我们的 baseUrl 变量中——这样可以轻松地更改它，无须重构每个组件。我们也要处理 JSON 解析，因为来自服务器的所有数据都将以 JSON 编码。

(2) 为了使它在所有组件中可用，只需要将其添加到 Vue 的原型（这是用于创建组件的构造函数）中即可：

```
export default {
  install (Vue, options) {
    // 插件选项
    baseUrl = options.baseUrl

    Vue.prototype.$fetch = $fetch
  },
}
```

(3) 然后重构 FAQ 组件，以便在 created 钩子中使用新的特殊$fetch 方法：

```
this.loading = true
try {
  this.questions = await this.$fetch('questions')
}
catch (e) {
  this.error = e
}
this.loading = false
```

我们的组件代码现在更简短、更易于阅读，并且更具可扩展性，因为可以轻松更改基本 URL。

5.2.4　使用 mixin 复用代码

我们已经看到了如何创建插件，还有另一种方法可以改进我们的代码——如果可以在多个组件中复用组件定义（如计算属性、方法或侦听器），会怎么样呢？这就是 mixin 的用途！

mixin 是可应用于其他定义对象（包括其他 mixin）的组件定义对象。它编写起来非常简单，因为看起来和普通的组件定义完全一样！

我们的目标是让 RemoteData mixin 允许任何组件向服务器发出请求以获取数据。我们在 src 目录中添加一个新的 mixins 文件夹，并创建一个新的 RemoteData.js 文件。

(1) 开始非常简单，我们将导出一个具有数据属性的定义：

```
export default {
  data () {
    return {
      remoteDataLoading: 0,
    }
  },
}
```

这个 remoteDataLoading 属性将用于计算当前正在加载请求的数量，以帮助我们显示加载动画。

(2) 现在，要在 FAQ 组件中使用这个 mixin，需要导入并在 mixins 数组中添加它：

```
<script>
import RemoteData from '../mixins/RemoteData'

export default {
  mixins: [
    RemoteData,
  ],
  // ...
}
</script>
```

如果现在检查这个组件，应该能看到显示了一个额外的 remoteDataLoading 属性。

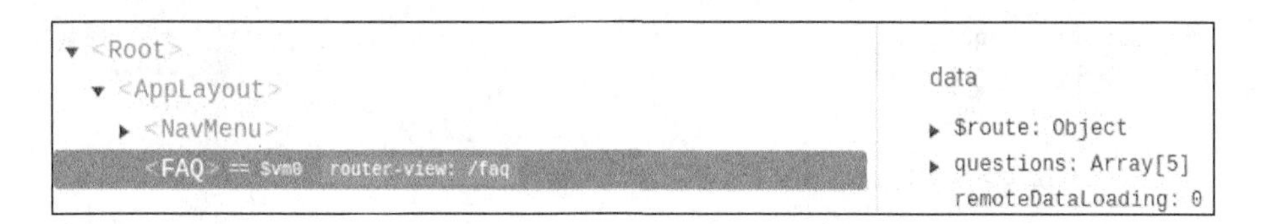

发生了什么事？mixin 被应用并且合并到了 FAQ.vue 的组件定义中。这意味着 data 钩子被调用了两次：首先在 mixin 中调用，然后在 FAQ 定义中添加了一个新属性！

Vue 会自动合并标准选项，如钩子、数据、计算属性、方法和侦听器，但是如果你有（举个例子）一个方法的属性具有相同名称，最后应用的那个将覆盖之前的那些。

(3) 让我们尝试用另一个值覆盖组件中的新属性：

```
data () {
  return {
    questions: [],
    error: null,
    loading: false,
    remoteDataLoading: 42,
  }
},
```

正如你在组件检查器中看到的那样，最终的组件定义比 mixin 具有更高的优先级。另外，你可能已经注意到 mixins 选项是一个数组，因此可以将多个 mixin 应用于定义，它们将按顺序合并。例如，我们有两个 mixin，并希望将它们应用于组件定义。以下是将发生的事情：

- 定义对象包含 mixin 1 的选项；

- mixin 2 的选项被合并到定义对象（现有属性/方法名称被覆盖）；
- 组件的选项以同样的方式被合并到最终定义对象。

现在可以从 FAQ 组件定义中移除重复的 `remoteDataLoading: 42` 了。

data、created、mounted 等钩子都按它们应用于最终定义的顺序逐一调用。这也意味着最后的组件定义钩子将被最后调用。

1. 获取远程数据

我们遇到了一个问题：使用 RemoteData mixin 的每个组件都将具有不同的数据属性以供获取。因此，需要将参数传递给我们的 mixin。由于 mixin 本质上是一个定义对象，为什么不使用一个可以接收参数然后返回一个定义对象的函数呢？这就是我们要做的！

(1) 使用一个带有 resources 参数的函数封装我们定义的对象：

```
export default function (resources) {
  return {
    data () {
      return {
        remoteDataLoading: 0,
      }
    },
  }
}
```

resources 参数将是一个对象，每个键都是要添加的数据属性的名称，值是需要对服务器进行请求的路径。

(2) 所以需要改变我们在 FAQ.vue 组件中使用 mixin 的方式，使用函数调用：

```
mixins: [
  RemoteData({
    questionList: 'questions',
  }),
],
```

在这里，我们将获取 http://localhost:3000/questions URL（使用之前创建的特殊$fetch 方法），并将结果放入 questionList 属性中。

现在回到我们的 RemoteData mixin 中！

(3) 首先，需要将每个数据属性初始化为一个 null 值，以便 Vue 设置它们的响应式属性：

```
data () {
  let initData = {
    remoteDataLoading: 0,
  }
```

```
  // 初始化数据属性
  for (const key in resources) {
    initData[key] = null
  }
  return initData
},
```

这一步非常重要。如果不初始化数据，它就不会被 Vue 添加响应式属性，因此组件不会在属性更改时更新。

你可以尝试这个应用，会在组件检查器中看到新的 questionList 数据属性已添加到了 FAQ 组件中。

```
data
▶ $route: Object
▶ questionList: Array[5]
```

(4) 然后，我们将创建一个新的 fetchResource 方法来获取一个资源并更新相应的数据属性：

```
methods: {
  async fetchResource (key, url) {
    try {
      this.$data[key] = await this.$fetch(url)
    } catch (e) {
      console.error(e)
    }
  },
},
```

我们的组件现在可以访问这个新的方法并且直接使用它。

(5) 为了让 mixin 更加智能，我们将在 created 钩子（将被合并）中自动调用它：

```
created () {
  for (const key in resources) {
    let url = resources[key]
    this.fetchResource(key, url)
  }
},
```

你现在可以验证 questionList 数据属性是否通过对服务器发出的新请求进行更新。

```
▼ questionList: Array[5]
  ▶ 0: Object
  ▶ 1: Object
  ▶ 2: Object
  ▶ 3: Object
  ▶ 4: Object
```

(6) 然后，你可以在 FAQ.vue 组件中移除使用 questions 属性的旧代码，并更改模板以使用新属性：

```
<article v-for="question of questionList">
```

2. 加载管理

接下来要做的是提供一种方式来了解是否应该显示加载动画。由于可能有多个请求，我们将使用一个数字计数器而非已经在 data 钩子中声明的布尔类型 remoteDataLoading。每次发出请求时，计数器加 1；完成时，则计数器减 1。这意味着如果它等于 0，那么当前没有请求正在等待；如果它大于或等于 1，就应该显示一个加载动画。

(1) 增加两个语句，分别递增和递减 fetchResource 方法中的 remoteDataLoading 计数器：

```
async fetchResource (key, url) {
  this.$data.remoteDataLoading++
  try {
    this.$data[key] = await this.$fetch(url)
  } catch (e) {
    console.error(e)
  }
  this.$data.remoteDataLoading--
},
```

(2) 为了更加轻松地用 mixin，我们添加一个计算属性，称为 remoteDataBusy。需要显示加载动画时，它的值会是 true：

```
computed: {
  remoteDataBusy () {
    return this.$data.remoteDataLoading !== 0
  },
},
```

(3) 回到 FAQ 组件，我们现在可以移除 loading 属性，改变 Loading 组件的 v-if 表达式，并使用 remoteDataLoading 计算属性：

```
<Loading v-if="remoteDataBusy" />
```

你可以尝试刷新页面以查看获取到数据之前显示的加载动画。

3. 错误管理

最后，我们可以管理可能在任意资源请求中发生的错误。

(1) 把每个资源的错误存储在一个新的 remoteErrors 对象中，这个对象需要初始化：

```
// 初始化数据属性
initData.remoteErrors = {}
```

```
for (const key in resources) {
  initData[key] = null
  initData.remoteErrors[key] = null
}
```

remoteErrors 对象的键将与资源相同，如果有错误，值将为错误；如果没有错误，则值为 null。

接下来，我们需要修改 fetchResource 方法：

- 在请求之前，通过将错误设置为 null 来重置错误；
- 如果 catch 块中有错误，则将其放入 remoteErrors 对象中正确的键上。

(2) fetchResource 方法现在应该如下所示：

```
async fetchResource (key, url) {
  this.$data.remoteDataLoading++
  // 重置错误
  this.$data.remoteErrors[key] = null
  try {
    this.$data[key] = await this.$fetch(url)
  } catch (e) {
    console.error(e)
    // 放置错误
    this.$data.remoteErrors[key] = e
  }
  this.$data.remoteDataLoading--
},
```

现在可以为每个资源显示特定的错误消息了，但在此项目中只会显示一条通用的错误消息。让我们添加另一个名为 hasRemoteErrors 的计算属性，如果至少有一个错误就会返回 true。

5

(3) 使用 JavaScript Object.keys() 方法，可以迭代 remoteErrors 对象中的键并检查一些值是否不为 null（即为真值）：

```
computed: {
  // ...

  hasRemoteErrors () {
    return Object.keys(this.$data.remoteErrors).some(
      key => this.$data.remoteErrors[key]
    )
  },
},
```

(4) 现在可以再次更改 FAQ 组件模板，使用新的属性替换 error 属性：

```
<div class="error" v-if="hasRemoteErrors">
```

像我们之前做的一样，可以关闭服务器以查看错误消息的显示。

我们已经完成了 FAQ 组件，它的脚本现在应该如下所示：

```
<script>
import RemoteData from '../mixins/RemoteData'

export default {
  mixins: [
    RemoteData({
      questionList: 'questions',
    }),
  ],
}
</script>
```

如你所见，它现在非常简洁！

5.3 支持工单

最后，我们将创建应用中经过身份验证的部分，用户可以在其中添加和查看支持工单。所有必要的请求都可以在你已经下载的服务器上访问。如果你对如何在节点中使用 passport.js 完成这项工作感到好奇，可以查看源代码！

5.3.1 用户认证

本节将关注应用的用户系统。我们会拥有登录和注册组件，以便创建新用户。

1. 将用户存储在一个集中式 state 里

我们将把用户数据存储在一个 state 对象中，就像在第 3 章中所做的那样，从而可以在应用的任何组件中访问它。

(1) 在 main.js 旁边创建一个新的 state.js 文件，用于导出 state 对象：

```
export default {
  user: null,
}
```

没有用户登录时，`user` 属性为 `null`，否则它将包含用户数据。

(2) 接着，在 main.js 文件中导入 state：

```
import state from './state'
```

(3) 然后，将其用作根实例的数据，以便 Vue 使其成为响应式的：

```
new Vue({
  el: '#app',
```

```
  data: state,
  router,
  render: h => h(AppLayout),
})
```

- **另一个插件**

我们可以在需要时在组件文件中导入 state，但使用 Vue 原型上名为`$state`的特殊 getter 访问它更为方便，就像我们为 `fetch` 插件所做的那样。我们将 state 对象传递给插件选项，getter 将返回它。

(1) 在 plugins 文件夹中，创建一个导出新插件的 state.js 文件：

```
export default {
  install (Vue, state) {
    Object.defineProperty(Vue.prototype, '$state', {
      get: () => state,
    })
  }
}
```

这里使用 JavaScript `Object.defineProperty()`方法在 Vue 原型上设置了一个 getter，所以每个组件都会继承它！

最后一件事——我们需要安装 state 插件！

(2) 在 main.js 文件中，导入新的插件：

```
import VueState from './plugins/state'
```

(3) 然后使用 state 对象作为选项参数进行安装：

```
Vue.use(VueState, state)
```

现在可以在组件中使用`$state`来访问全局状态了！这里是一个例子：

```
console.log(this.$state)
```

它应该输出具有 `user` 属性的 state 对象。

2. 登录表单

本节将首先创建一个新组件，以帮助我们更快地构建表单，然后使用 `Login.vue` 组件将注册表单和登录表单添加到应用中。在后面的几节中，我们将创建另一个表单来提交新的支持工单。

- **聪明的表单**

这个通用组件将处理表单组件的通用结构，并且会自动调用一个 `operation` 函数，显示一个加载动画和该操作抛出的错误消息。大多数情况下，该操作是对服务器发出的 `POST` 请求。

这个模板基本上就是一个包含标题的表单、一个渲染输入框的默认插槽、一个渲染按钮的 actions 插槽、一个加载动画和一个放置错误消息的地方。对于应用中需要的两个表单，这已经足够通用了。

(1) 在 components 文件夹中创建一个新的 SmartForm.vue 组件：

```
<template>
  <form @submit.prevent="submit">
    <section class="content">
      <h2>{{ title }}</h2>
      <!-- Main content -->
      <slot />
      <div class="actions">
        <!-- Action buttons -->
        <slot name="actions" />
      </div>

      <div class="error" v-if="error">{{ error }}</div>
    </section>

    <transition name="fade">
      <!-- Expanding over the form -->
      <Loading v-if="busy" class="overlay" />
    </transition>
  </form>
</template>
```

在<form>元素上，我们在 submit 事件上设置了一个事件监听器。它使用 prevent 修饰符阻止浏览器的默认行为（重新加载页面）。

目前，SmartForm 组件有以下 3 个属性。

- title：显示在<h2>元素中。
- operation：提交表单时调用的异步函数。它应该返回一个 Promise。
- valid：一个布尔值，以防止表单在无效时调用操作。

(2) 将它们添加到组件的 script 部分：

```
<script>
export default {
  props: {
    title: {
      type: String,
      required: true,
    },
    operation: {
      type: Function,
      required: true,
    },
    valid: {
```

```
      type: Boolean,
      required: true,
    },
  },
}
</script>
```

正如你所看到的，我们现在使用一种不同的方式来声明 prop——通过使用对象，可以指定 prop 的更多细节。例如，设置 `required: true`，Vue 会在我们忘记 prop 时发出警告。我们也可以放一个 Vue 会检查的类型。建议使用这个语法，因为它有助于理解组件的 prop 并避免错误。

我们还需要两个数据属性。

- `busy`：一个布尔值，用于切换加载动画的显示。
- `error`：这是错误消息；如果没有，则为 `null`。

(3) 将它们添加到 `data` 钩子里：

```
data () {
  return {
    error: null,
    busy: false,
  }
},
```

(4) 最后，我们需要编写提交表单时调用的 `submit` 方法：

```
methods: {
  async submit () {
    if (this.valid && !this.busy) {
      this.error = null
      this.busy = true
      try {
        await this.operation()
      } catch (e) {
        this.error = e.message
      }
      this.busy = false
    }
  },
},
```

如果表单是无效的或有操作尚未完成，我们不会调用该操作。否则，我们重置 `error` 属性，然后使用 `await` 关键字调用 `operation` prop，因为它应该是一个返回 Promise 的异步函数。如果捕捉到错误，就将 `error` 属性设置为错误消息，以便显示它。

(5) 现在我们的通用表单已经准备就绪了，可以在 global-components.js 文件中注册它：

```
import SmartForm from './components/SmartForm.vue'
Vue.component('SmartForm', SmartForm)
```

5

- **表单输入组件**

表单中将有许多具有相同标记和功能的输入框。这是制作另一个通用、可复用组件的绝佳时机。该组件将有一个小模板，主要是一个`<input>`元素，并且能够在无效时向用户显示红色边框。

(1) 首先创建一个带有以下 prop 的新 `FormInput.vue` 组件：

- ❑ `name` 是输入框的 HTML 名称，是让浏览器的自动补全功能生效所需要的；
- ❑ `type` 将默认为`'text'`，但最终需要设置为`'password'`；
- ❑ `value` 是输入框的当前值；
- ❑ `placeholder` 是输入框内部显示的标签；
- ❑ `invalid` 是一个用来切换无效显示（红色边框）的布尔值，默认为 `false`。

脚本应该像这样使用 prop 对象表示法：

```
<script>
export default {
  props: {
    name: {
      type: String,
    },
    type: {
      type: String,
      default: 'text',
    },
    value: {
      required: true,
    },
    placeholder: {
      type: String,
    },
    invalid: {
      type: Boolean,
      default: false,
    },
  },
}
</script>
```

(2) 对于无效显示，我们将添加一个计算属性来动态改变输入框的 CSS 类：

```
computed: {
  inputClass () {
    return {
      'invalid': this.invalid,
    }
  },
},
```

(3) 现在可以编写我们的模板了。它有一个包含`<input>`元素的`<div>`元素：

```
<template>
  <div class="row">
    <input
      class="input"
      :class="inputClass"
      :name="name"
      :type="type"
      :value.prop="value"
      :placeholder="placeholder"
    />
  </div>
</template>
```

我们在 `v-bind:value` 指令中使用 `prop` 修饰符来告诉 Vue 直接设置 DOM 节点 `value` 属性，而不是设置 HTML 属性。在处理输入框 HTML 元素的属性（如 `value`）时，这是一个很好的实践。

(4) 要开始测试它，可以在 global-components.js 文件中注册该组件：

```
import FormInput from './components/FormInput.vue'
Vue.component('FormInput', FormInput)
```

(5) 使用 `FormInput` 组件创建一个新的 `Login.vue` 组件：

```
<template>
  <main class="login">
    <h1>Please login to continue</h1>
    <form>
      <FormInput
        name="username"
        :value="username"
        placeholder="Username" />
    </form>
  </main>
</template>

<script>
export default {
  data () {
    return {
      username: '',
    }
  },
}
</script>
```

(6) 不要忘记 router.js 文件中相应的路由：

```
import Login from './components/Login.vue'

const routes [
  // ...
  {path: '/login', name: 'login', component: Login},
]
```

5

你可以通过在 URL 中使用/login 路径打开应用来测试组件。

Please login to continue

Username

目前，FormInput 组件是只读的，因为当用户在字段中键入内容时我们没有做任何事情。

(7) 让我们添加一个方法来处理这个问题：

```
methods: {
  update (event) {
    console.log(event.currentTarget.value)
  },
},
```

(8) 然后可以监听文本字段上的 input 事件：

```
@input="update"
```

现在，如果你在文本字段里键入内容，内容应该会被打印到控制台。

(9) 在 update 方法中，我们将触发一个事件以将新值发送给父组件。默认情况下，v-model 指令会监听 input 事件，新值就是第一个参数：

```
methods: {
  update (event) {
    this.$emit('input', event.currentTarget.value)
  },
},
```

为了理解这是如何工作的，我们现在还不会使用 v-model。

(10) 我们现在可以监听这个 input 事件并更新 username prop：

```
<FormInput
  name="username"
  :value="username"
  @input="val => username = val"
  placeholder="Username" />
```

username prop 的值应该在 Login 组件上更新。

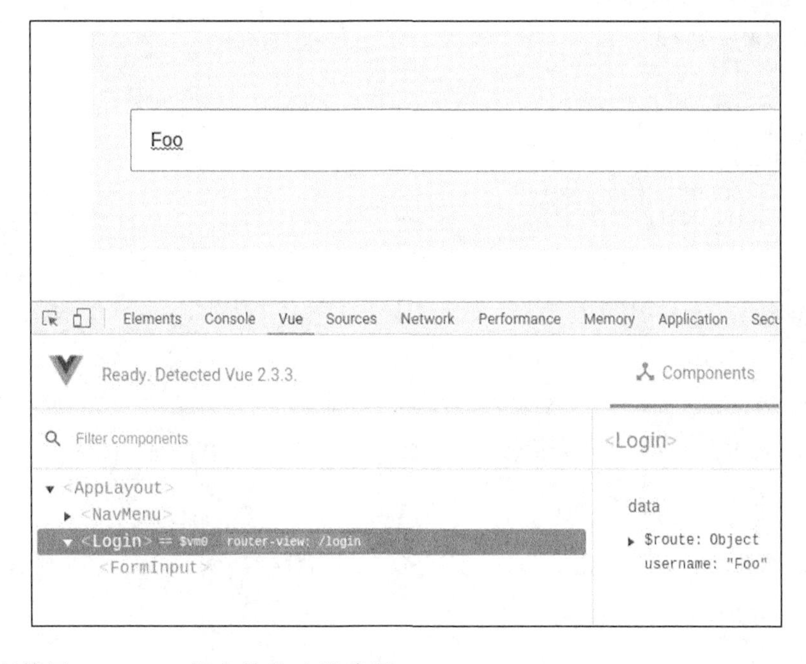

(11) 可以使用 `v-model` 指令简化这段代码：

```
<FormInput
  name="username"
  v-model="username"
  placeholder="Username" />
```

它将使用 `value` prop 并为我们监听 `input` 事件！

- **自定义 v-model**

就像我们刚刚看到的，`v-model` 默认使用 `value` prop 和 `input` 事件，但是还可以进行自定义。

(1) 在 `FormInput` 组件中，添加 `model` 选项：

```
model: {
  prop: 'text',
  event: 'update',
},
```

(2) 然后，需要将 `value` prop 的名称更改为 `text`：

```
props: {
  // ...
  text: {
    required: true,
  },
},
```

(3) 并在模板中编写：

```
<input
  ...
  :value="text"
  ... />
```

(4) 另外，input 事件应该重命名为 update：

```
this.$emit('update', event.currentTarget.value)
```

这个组件在 Login 组件中应该仍然能够工作，因为我们告诉 v-model 使用 text prop 和 update 事件！

我们的输入组件已准备就绪！对于这个项目，需要保持该组件简单，但是如果你愿意，可以添加更多的功能，比如图标、错误消息、浮动标签，等等。

- **登录组件**

现在可以继续构建 Login 组件，负责用户登录和注册。

需要为这个组件的 state 提供几个数据属性。

- mode：可以是 login 或 signup。我们会根据它改变布局。
- username：在两种模式下都会使用。
- password：同样在两种模式下都会使用。
- password2：用于在注册时验证密码。
- email：用于注册模式。

(1) 我们的 data 钩子现在应该是这样的：

```
data () {
  return {
    mode: 'login',
    username: '',
    password: '',
    password2: '',
    email: '',
  }
},
```

(2) 然后，可以添加 title 计算属性以根据模式更改表单标题：

```
computed: {
  title () {
    switch (this.mode) {
      case 'login': return 'Login'
      case 'signup': return 'Create a new account'
    }
  },
},
```

我们还会添加一些基本的输入验证。首先，我们希望在重新输入密码字段不等于第一个密码时高亮显示它。

(3) 为此，添加另一个计算属性：

```
retypePasswordError () {
  return this.password2 && this.password !== this.password2
},
```

然后，我们还将检查是否有字段是空的，因为它们都是必填的。

(4) 这次将把它分解成两个计算属性，因为不需要在 login 模式下检查注册需要的特定字段：

```
signupValid () {
  return this.password2 && this.email &&
  !this.retypePasswordError
},
valid () {
  return this.username && this.password &&
  (this.mode !== 'signup' || this.signupValid)
},
```

(5) 接下来，添加将用于用户登录或注册的方法（稍后会在“注册操作”和“登录操作”小节中实施它们）：

```
methods: {
  async operation() {
    await this[this.mode]()
  },
  async login () {
    // TODO
  },
  async signup () {
    // TODO
  },
}
```

(6) 现在转向模板。首先添加一个 SmartForm 组件：

```
<template>
  <main class="login">
    <h1>Please login to continue</h1>
    <SmartForm
      class="form"
      :title="title"
      :operation="operation"
      :valid="valid">
      <!-- TODO -->
    </SmartForm>
  </main>
</template>
```

(7) 然后可以添加 input 字段：

```
<FormInput
  name="username"
  v-model="username"
  placeholder="Username" />
<FormInput
  name="password"
  type="password"
  v-model="password"
  placeholder="Password" />
<template v-if="mode ==='signup'">
  <FormInput
    name="verify-password"
    type="password"
    v-model="password2"
    placeholder="Retype Password"
    :invalid="retypePasswordError" />
  <FormInput
    name="email"
    type="email"
    v-model="email"
    placeholder="Email" />
 </template>
```

不要忘记 name 属性，它将允许浏览器自动补全字段。

(8) 在 input 字段下方，每种模式需要两种不同的按钮。对于登录模式，我们需要 Sign up 和 Login 按钮。对于注册模式，我们需要 Back to login 和 Create account 按钮：

```
<template slot="actions">
  <template v-if="mode ==='login'">
    <button
      type="button"
      class="secondary"
      @click="mode ='signup'">
      Sign up
    </button>
    <button
      type="submit"
      :disabled="!valid">
      Login
    </button>
  </template>
  <template v-else-if="mode ==='signup'">
    <button
      type="button"
      class="secondary"
      @click="mode ='login'">
      Back to login
    </button>
```

```
    <button
      type="submit"
      :disabled="!valid">
      Create account
    </button>
  </template>
</template>
```

现在可以测试组件并在 login 和 signup 模式之间切换。

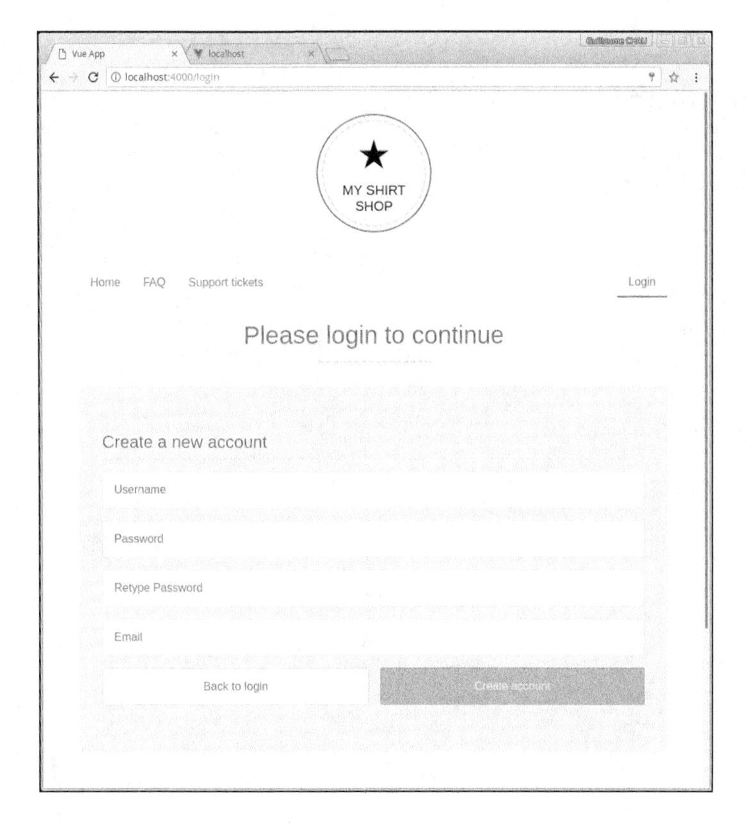

- **为限定作用域的元素的子元素编写样式**

该表单目前占用了所有可用空间，缩小一点会更好。

为了使本小节起作用，需要在项目中安装最新的 vue-loader 包。

让我们添加一些样式来为表单设定最大宽度：

```
<style lang="stylus" scoped>
.form {
  >>> .content {
```

```
    max-width: 400px;
  }
}
</style>
```

>>>连结符允许我们将模板中使用的组件内的元素作为目标，同时仍然限定 CSS 选择器其余部分的作用域。在我们的例子中，生成的 CSS 看起来如下所示：

```
.form[data-v-0e596401] .content {
  max-width: 400px;
}
```

如果不使用这个连结符，则会有这样的 CSS：

```
.form .content[data-v-0e596401] {
  max-width: 400px;
}
```

这不起作用，因为`.content`元素位于我们在模板中使用的`SmartForm`组件内。

如果使用 SASS，则需要使用`/deep/`选择器而不是>>>连结符。

该表单现在应该如下所示。

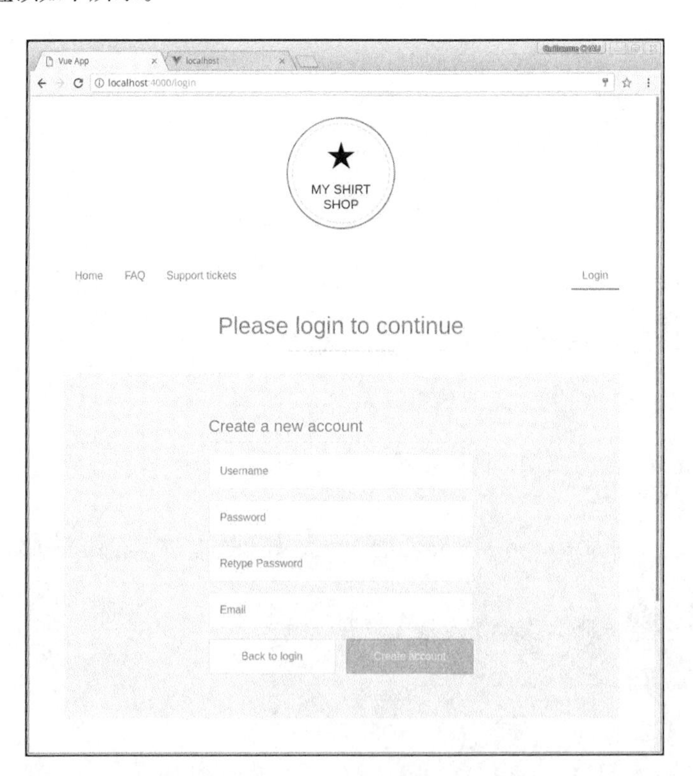

- **改进获取插件**

目前，我们的$fetch 方法只能对服务器发出 GET 请求。这对于加载 FAQ 是足够的，但现在需要添加更多特性。

(1) 在 plugins/fetch.js 文件中，编辑函数以接收新的 options 参数：

```
export async function $fetch (url, options) {
  // ...
}
```

options 参数是浏览器 fetch 方法的一个可选对象，它允许我们更改不同的参数，例如所使用的 HTTP 方法、请求主体等。

(2) 在$fetch 函数的开头，我们想要设置这个 options 参数的一些默认值：

```
const finalOptions = Object.assign({}, {
  headers: {
    'Content-Type': 'application/json',
  },
  credentials: 'include',
}, options)
```

默认选项告诉服务器我们将始终在请求主体中发送 JSON，并告诉浏览器我们还将包含验证用户登录所需的授权令牌。然后，提供的 options 参数（如果有）添加它的值给 finalOptions 对象（例如 method 属性或 body 属性）。

(3) 接下来，我们将新选项添加到浏览器 fetch 方法：

```
const response = await fetch(`${baseUrl}${url}`, finalOptions)
```

(4) 另外，服务器总是将错误作为文本发送，所以可以捕获它们并显示给用户：

```
if (response.ok) {
  const data = await response.json()
  return data
} else {
  const message = await response.text()
  const error = new Error(message)
  error.response = response
  throw error
}
```

我们现在准备向服务器发出第一个 POST 请求，以便为用户创建一个新账户，然后登录！

- **注册操作**

我们将从账户创建开始，因为目前还没有任何用户。在服务器上调用的路径是/signup，它期望一个 POST 请求，其请求主体中有一个包含新账户 username、password 和 email 的 JSON 对象。

使用我们刚刚改进的$fetch方法来实现它：

```
async signup () {
  await this.$fetch('signup', {
    method: 'POST',
    body: JSON.stringify({
      username: this.username,
      password: this.password,
      email: this.email,
    }),
  })
  this.mode = 'login'
},
```

我们不在这里管理错误，因为这是之前构建的SmartForm组件的工作。

这样就可以了！现在可以使用一个简单的密码创建新账户，方便记住并在以后使用。如果账户创建成功，表单将返回login模式。

有一件这里没有做但可以改进的事情：让用户知道他们的账户已经创建，并且现在可以登录。你可以在表单下方添加消息，甚至可以显示浮动通知！

- **登录操作**

登录方法与注册几乎完全相同，差异是：

- 只将请求主体中的username和password发送到/login路径；
- 响应是需要设置为全局状态的用户对象，这样每个组件都可以知道是否有已登录的用户（使用暴露$state属性的插件）；
- 然后重定向到主页。

代码看起来应该像是这样：

```
async login () {
  this.$state.user = await this.$fetch('login', {
    method: 'POST',
    body: JSON.stringify({
      username: this.username,
      password: this.password,
    }),
  })
  this.$router.push({name: 'home'})
},
```

现在可以尝试使用先前用于创建账户的username和password登录。如果登录成功，则应被router.push()方法重定向到主页。

此请求返回的 user 对象包含将在导航菜单中显示的 username 字段。

3. 用户菜单

现在是时候将用户相关功能添加到我们在 NavMenu.vue 文件开头创建的导航菜单中了。

(1) 我们希望它们出现在菜单的最右侧，所以将这个元素添加到之前写的路由器链接之后：

```
<div class="spacer"></div>
```

这会简单地使用 CSS 的 flexbox 属性来占用菜单中所有可用的空间，以便把之后放入的任何内容都推到右侧。

多亏在 5.3.1 节开头所做的插件，我们可以通过$state 属性访问全局状态。它包含 user 对象，允许我们知道用户是否已登录，并显示他们的 username 和 logout 链接。

(2) 在 NavMenu.vue 组件中添加用户菜单：

```
<template v-if="$state.user">
  <a>{{ $state.user.username }}</a>
  <a @click="logout">Logout</a>
</template>
```

(3) 如果用户没有登录，只显示一个 login 链接（将下面的内容添加到我们刚刚添加的模板当中）：

```
<router-link v-else :to="{name:'login'}">Login</router-link>
```

logout 链接需要一个新的 logout 方法，我们现在就来创建。

- **logout 方法**

logout 方法包含对服务器上/logout 路径的简单调用，返回一个 status 属性等于'ok'的对象：

```
<script>
export default {
  methods: {
    async logout () {
      const result = await this.$fetch('logout')
      if (result.status === 'ok') {
        this.$state.user = null
      }
    },
  },
}
</script>
```

如果用户成功登出，就重置全局状态下的 user 值。

5

4. 带导航守卫的私有路由

既然已经有了一个认证系统，我们可以有不同类型的路由：

- 公开路由始终可访问；
- 私有路由仅限登录用户访问；
- 访客路由只能由未登录的用户访问。

我们将提前创建一个路由组件来测试代码。

(1) 创建稍后将用于显示用户支持工单的 `TicketsLayout.vue` 组件：

```
<template>
  <main class="tickets-layout">
    <h1>Your Support tickets</h1>
    <!-- TODO -->
  </main>
</template>
```

(2) 然后，在 router.js 文件中添加相应的路由：

```
import TicketsLayout from './components/TicketsLayout.vue'

const routes = [
  // ...
  { path: '/tickets', name: 'tickets',
    component: TicketsLayout },
]
```

(3) 最后，在导航菜单中添加指向这个新页面的链接：

```
<router-link :to="{ name:'tickets'}">
  Support tickets</router-link>
```

- **路由元属性**

我们可以在 router.js 文件中受影响路由上的 `meta` 对象中添加页面访问类型信息。

刚刚创建的路由应该是私有的，只有已登录的用户才能访问。

- 将 `private` 属性添加到路由上的 `meta` 对象：

```
{ path: '/tickets', /* ... */, meta: { private: true} },
```

现在，如果你跳转到工单页面并检查任何组件，应该看到由 `vue-router` 插件暴露的`$route` 对象。它包含 `meta` 对象中的 `private` 属性。

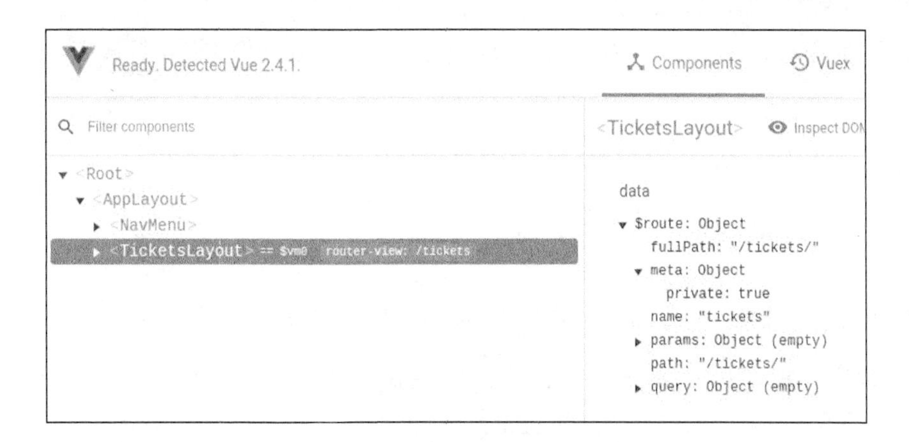

你可以将任何其他信息放入路由的 meta 对象以扩展路由器功能。

- **路由器导航守卫**

现在我们知道工单路由是私有的，希望在路由解析之前执行一些逻辑来检查用户是否已登录。这就是导航守卫派上用场的地方——当有关路由发生变化时会调用函数钩子，它们可以改变路由器的行为。

我们需要的导航守卫是 beforeEach，它在每次路由解析之前运行，允许我们在必要时用另一个路由替换目标路由。它接收带有 3 个参数的回调函数：

- ❑ to 是当前的目标路由；
- ❑ from 是以前的路由；
- ❑ next 是为了完成解析不得不在某个时刻调用的函数。

如果忘记在导航守卫中调用 next，你的应用将被卡住。这是因为在调用它之前可以进行异步操作，所以路由器不会自行做任何假设。

(1) 在导出路由器实例之前，添加 beforeEach 导航守卫：

```
router.beforeEach((to, from, next) => {
  // TODO
  console.log('to', to.name)
  next()
})
```

(2) 现在需要确定目标路由是否为私有路由：

```
if (to.meta.private) {
  // TODO 重定向到登录
}
```

(3) 要检查用户是否已登录，我们需要全局状态——可以在文件的开始将其导入：

```
import state from './state'
```

(4) 更改条件表达式以检查用户状态：

```
if (to.meta.private && !state.user) {
  // TODO 重定向到登录
}
```

可以用路由参数调用 next 函数，将导航重定向到另一个路由。

(5) 所以这里可以重定向到登录路由，就像之前用 router.push() 方法做的那样：

```
if (to.meta.private && !state.user) {
  next({name: 'login'})
  return
}
```

不要忘记返回，否则你将在这个函数结尾再次调用 next！

现在可以尝试登出并点击 Support tickets 链接。你应该会立即重定向到登录页面。

当用 next 重定向时，每次重定向都不会为浏览器历史记录添加额外条目。只有最后的路由才有历史记录。

正如你在浏览器控制台中看到的，每次尝试解析路由时都会调用导航守卫。

```
to tickets
to login
```

这就解释了为什么要调用 next 这个函数——解析过程将持续下去，直到我们不再重定向到另一个路由。

这意味着导航守卫可以被多次调用，但这也意味着你应该小心，不要创建一个无限的解析“循环”！

导航到期望的路由

用户登录后，应用应该重定向到他们最初想要浏览的页面。

(1) 将当前想要访问的 URL 作为参数传递给登录路由：

```
next({
  name: 'login',
  params: {
```

```
        wantedRoute: to.fullPath,
      },
    })
```

现在，如果单击 Support tickets 链接并重定向到登录页面，则应在任意组件上的`$route`对象中看到`wantedRoute`参数。

```
data

▼ $route: Object
    fullPath: "/login"
  ▶ meta: Object
    name: "login"
  ▼ params: Object
      wantedRoute: "/tickets"
    path: "/login"
  ▶ query: Object (empty)
```

(2) 在`Login`组件中，可以改变`login`方法中的重定向并使用这个参数：

```
this.$router.replace(this.$route.params.wantedRoute ||
  { name: 'home'})
```

`router.replace()`方法与`router.push()`方法非常相似，区别在于前者将浏览器历史记录中的当前条目替换为新路由，而不是添加新条目。

如果现在登录，则应重定向到支持工单页面，而不是主页。

5. 初始化用户认证

当页面加载和应用启动时，需要检查用户是否已登录。出于这个原因，服务器有一个`/user`路径。如果用户登录，它将返回用户对象。我们将把它放到全局状态中，就像我们登录了一样。然后，启动 Vue 应用。

(1) 在 main.js 文件中，从我们的插件中导入`$fetch`：

```
import VueFetch, {$fetch} from './plugins/fetch'
```

(2) 需要创建一个名为`main`的新异步函数，我们会在其中请求用户数据，然后启动应用：

```
async function main () {
  // 获取用户信息
  try {
    state.user = await $fetch('user')
  } catch (e) {
    console.warn(e)
  }
  // 启动应用
```

```
  new Vue({
    el: '#app',
    data: state,
    router,
    render: h => h(AppLayout),
  })
}

main()
```

现在，如果你登录并刷新页面，则应该仍然处于登录状态！

6. 访客路由

还有一种情况没有管理——我们不希望已经登录的用户访问登录路由！

(1) 这就是为什么我们会把它标记为访客路由：

```
{ path: '/login', name: 'login', component: Login,
  meta: {guest: true} },
```

(2) 在 `beforeEach` 导航守卫内部，我们将检查路由是否仅限访客浏览。如果用户已登录，则重定向到主页：

```
router.beforeEach((to, from, next) => {
  // ...
  if (to.meta.guest && state.user) {
    next({name: 'home'})
    return
  }
  next()
})
```

如果你已经登录，可以尝试打开登录 URL——你应该会立即被重定向到主页！只有在未登录时，你才能访问此页面。

5.3.2　显示和增加工单

在本节中，我们将把工单支持内容添加到应用中。首先显示工单，然后构建一个表单让用户创建新工单。为此，我们将创建两个组件，它们嵌套在之前制作的 `TicketsLayout` 组件中。

别担心！当你创建账户时，会自动为你的用户创建示例支持工单。

1. 工单列表

可以在服务器上的`/tickets` 路径请求工单列表。

(1) 创建一个与 FAQ 组件相似的新 `Tickets.vue` 组件。

(2) 使用 `RemoteData` mixin 来获取工单：

```
<script>
import RemoteData from '../mixins/RemoteData'

export default {
  mixins: [
    RemoteData({
      tickets: 'tickets',
    }),
  ],
}
</script>
```

(3) 然后添加带有加载动画、空白消息和工单列表的模板：

```
<template>
  <div class="tickets">
    <Loading v-if="remoteDataBusy"/>

    <div class="empty" v-else-if="tickets.length === 0">
      You don't have any ticket yet.
    </div>

    <section v-else class="tickets-list">
      <div v-for="ticket of tickets" class="ticket-item">
        <span>{{ ticket.title }}</span>
        <span class="badge">{{ ticket.status }}</span>
        <span class="date">{{ ticket.date }}</span>
      </div>
    </section>
  </div>
</template>
```

我们需要一个过滤器来显示工单日期！

(4) 终止客户端编译并使用以下命令安装 `momentjs`：

```
npm install --save moment
```

(5) 在 main.js 文件旁创建一个新的 filters.js 文件，它包含 `date` 过滤器：

```
import moment from 'moment'

export function date (value) {
  return moment(value).format('L')
}
```

(6) 然后在 main.js 中导入 `filters` 并用一个循环注册它们：

```
import * as filters from './filters'
for (const key in filters) {
  Vue.filter(key, filters[key])
}
```

(7) 现在可以在 Tickets 组件中以更人性化的方式显示日期了：

```
<span class="date">{{ ticket.date | date }}</span>
```

然后，可以将此新组件添加到 TicketsLayout 组件，从而得到工单列表。

Your Support tickets

Welcome new　07/17/2017

不要忘记导入 Tickets 并将其放在 components 选项中！

- **会话过期**

一段时间后，用户会话可能不再有效。这可能是由于时间到期（对于该服务器而言设置为 3 小时），或者仅仅是因为服务器重新启动。让我们尝试重现这种情况——重新启动服务器并再次加载工单列表。

(1) 确保你已登录到应用。
(2) 在运行服务器的终端中键入 rs，然后按回车键重新启动它。
(3) 点击应用中的 Home 按钮。
(4) 单击 Support tickets 按钮，以返回工单列表页面。

你应该会卡在加载动画，控制台中有一个错误消息。

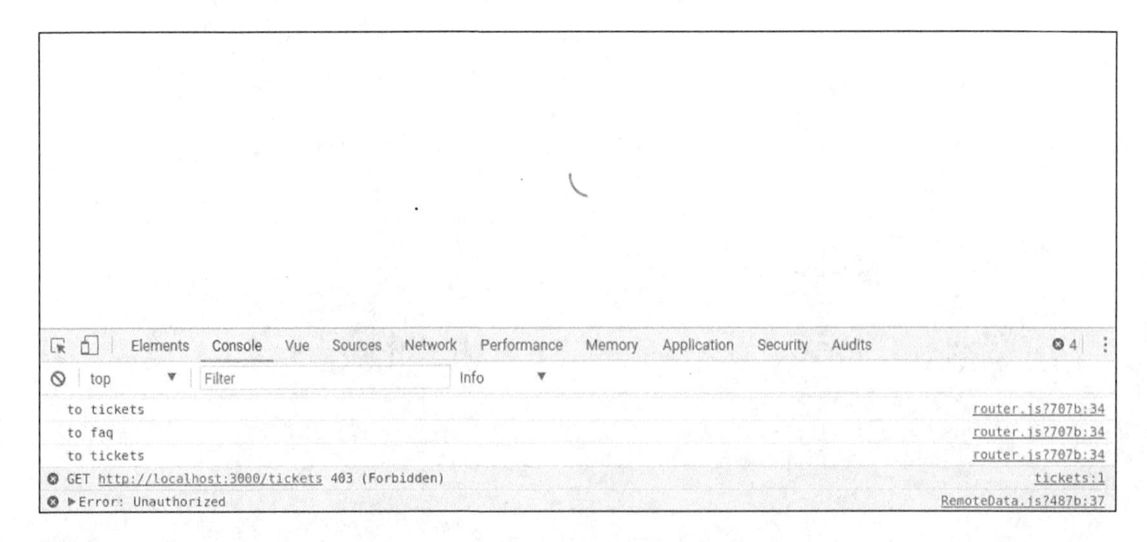

服务器返回了未授权的错误，这是因为我们不处于登录状态了！

要解决这个问题，我们需要将用户登出。如果处于私有路由中，还需要将用户重定向到登录页面。

放置代码的最佳位置是所有组件中都使用的`$fetch`方法，位于 plugins/fetch.js 文件中。尝试访问仅限登录用户访问的路径时，服务器将始终返回 403 错误。

(1) 在修改方法之前，需要导入 state 和路由器：

```
import state from '../state'
import router from '../router'
```

(2) 在响应处理中添加一个条件分支：

```
if (response.ok) {
  // ...
} else if (response.status === 403) {
  // 如果会话不再有效
  // 我们登出
  state.user = null
  // 如果这个路由是私有的
  // 我们跳转到登录页面
  if (router.currentRoute.matched.some(r => r.meta.private)) {
    router.replace({ name: 'login', params: {
        wantedRoute: router.currentRoute.fullPath,
      }})
    }
  } else {
    // ...
}
```

我们使用 `replace` 方法而不是 `push`，因为不想在浏览器历史记录中创建新的导航。设想一下，如果用户点击后退按钮，会再次重定向到登录页面，用户将无法返回私有页面之前的页面。

现在可以再试一次。当你重新启动服务器并点击 Support tickets 链接时，应重定向到登录页面，导航菜单不应再显示你的用户名。

2. 嵌套路由

因为我们还想切换到该页面中的一个表单，所以使用嵌套路由来构造组件是个不错的主意——如果每个路由至少有一个路由器视图，那么这些路由就可以有子路由！所以在`/tickets`路由器下，我们现在有两个子路由。

- `''`将成为工单列表（完整路径将是`/tickets/`）。它的行为类似于`/tickets`下的默认路由。
- `'/new'`将是发送新工单的表单（完整路径将是`/tickets/new/`）。

(1) 使用临时模板创建一个新的 NewTicket.vue 组件：

```
<template>
  <div class="new-ticket">
    <h1>New ticket</h1>
  </div>
</template>
```

(2) 在 routes.js 文件中，把两个新路由添加到/tickets 路由下的 children 属性里面：

```
import Tickets from './components/Tickets.vue'
import NewTicket from './components/NewTicket.vue'

const routes = [
  // ...
  { path: '/tickets', component: TicketsLayout,
    meta: { private: true }, children: [
    { path: '', name:'tickets', component: Tickets },
    { path: 'new', name: 'new-ticket', component: NewTicket },
  ] },
]
```

由于第一个子路由是空字符串，在解析父路由时它将成为默认路由。这意味着你应该将父路由的名称（'tickets'）转移给它。

(3) 最后，可以更改 TicketsLayout 组件，来使用路由器视图以及切换子路由的几个按钮：

```
<template>
  <main class="tickets-layout">
    <h1>Your Support tickets</h1>
    <div class="actions">
      <router-link
        v-if="$route.name !=='tickets'"
        tag="button"
        class="secondary"
        :to="{name:'tickets'}">
        See all tickets
      </router-link>
      <router-link
        v-if="$route.name !=='new-ticket'"
        tag="button"
        :to="{name:'new-ticket'}">
        New ticket
      </router-link>
    </div>
    <router-view />
  </main>
</template>
```

你可以在路由器链接上使用 tag prop 来更改用于渲染它的 HTML 标签。

正如你所看到的，我们根据当前的路由名称隐藏每个按钮——我们不想在工单列表页面显示 Show tickets 按钮，也不希望在创建新工单的表单上显示 New ticket 按钮！

你现在可以在两个子路由之间切换，并查看相应的 URL 变化。

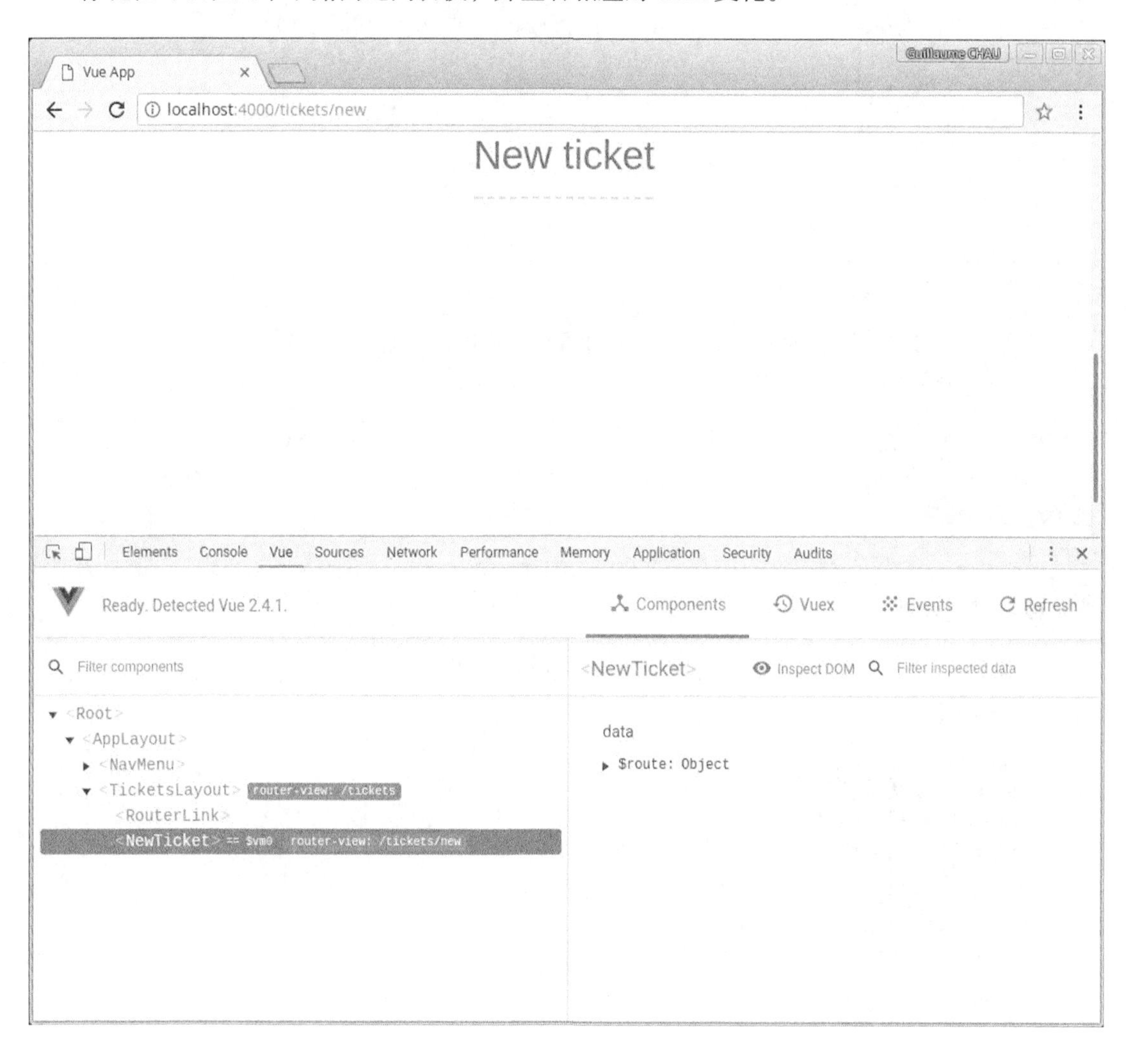

- **修复导航守卫**

如果你登出并转到工单页面，应该会很惊讶地发现能够访问！这是因为在之前 `beforeEach` 导航守卫的实施中存在一个缺陷——我们没有考虑到可能会有嵌套路由，所以设计得很糟糕！这个问题的原因是 `to` 参数只是目标路由，也就是`/ticket` 路由的第一个子路由——它没有 `private` 元属性！

因此，我们不应单纯依赖目标路由，而是应该检查所有匹配的嵌套路由对象。幸运的是，每个路由对象都可以使用 matched 属性访问这些路由对象的列表。然后，可以使用 some 数组方法来验证至少有一个路由对象具有所需的元属性。

我们可以在 router.js 文件的 beforeEach 导航守卫中将条件代码改成这样：

```
router.beforeEach((to, from, next) => {
  if (to.matched.some(r => r.meta.private) && !state.user) {
    // ...
  }
  if (to.matched.some(r => r.meta.guest) && state.user) {
    // ...
  }
  next()
})
```

现在，不管嵌套路由的数量是多少，我们的代码都可以正常工作了！

强烈建议每次都使用这种方法用 matched 属性来避免错误。

3. 发送表单

在本节中，我们将完成允许用户发送新支持工单的 NewTicket 组件。创建一个工单需要两个字段：title 和 description。

(1) 在 NewTicket.vue 组件的模板中，我们可以添加一个具有标题 FormInput 组件的 SmartForm 组件：

```
<SmartForm
 title="New ticket"
 :operation="operation"
 :valid="valid">
  <FormInput
    name="title"
    v-model="title"
    placeholder="Short description (max 100 chars)"
    maxlength="100"
    required/>
</SmartForm>
```

(2) 我们还可以添加两个数据属性、operation 方法，并使用 valid 计算属性进行一些输入验证：

```
<script>
export default {
  data () {
    return {
      title: '',
```

```
      description: '',
    }
  },
  computed: {
    valid () {
      return !!this.title && !!this.description
    },
  },
  methods: {
    async operation () {
      // TODO
    },
  },
}
</script>
```

- **表单文本区域**

对于 description 字段，我们需要一个<textarea>元素，以便用户编写多行文本。遗憾的是，FormInput 组件还不支持这一点，所以我们需要稍作修改。我们将使用组件的 type prop，其值为'textarea'，来将<input>元素更改为<textarea>元素。

(1) 创建一个新的计算属性来确定将渲染哪种 HTML 元素：

```
computed: {
  // ...
  element () {
    return this.type === 'textarea' ? this.type : 'input'
  },
},
```

当值'textarea'被传递时，我们需要渲染一个<textarea>。对于所有其他类型，组件都将渲染<input>。

现在使用特殊的<component>组件而非静态的<input>元素，前者可以使用 is prop 来渲染<textarea>或<input>元素。

(2) 模板现在应该如下所示：

```
<component
  :is="element"
  class="input"
  :class="inputClass"
  :name="name"
  :type="type"
  :value.prop="text"
  @input="update"
  :placeholder="placeholder"
/>
```

(3) 我们现在可以将 description 文本区域添加到 NewTicket 表单中的 title 输入框后面：

```
<FormInput
  type="textarea"
  name="description"
  v-model="description"
  placeholder="Describe your problem in details"/>
```

- **绑定属性**

相对于其他元素，<textarea>具有一些我们想要使用的便捷属性，例如 `rows` 属性。我们可以为每个属性创建一个 prop，但这很乏味。相反，我们将使用 Vue 组件方便的`$attrs` 特殊属性，它将获取组件上的所有非 prop 属性作为对象，其中键为属性的名称。

这意味着，如果你的组件上有一个 `text` prop，并且在另一个组件中编写了：

```
<FormInput :text="username" required>
```

Vue 将视 `required` 为一个属性，因为它不在 `FormInput` 组件公开的 prop 列表中。然后，你可以用`$attrs.required` 访问它！

`v-bind` 指令可以使用一个对象，其中的键是要设置的 prop 和属性的名称。这将是非常有用的！

(1) 我们可以在 `FormInput.vue` 组件中的<component>上编写它：

```
<component
  ...
  v-bind="$attrs" />
```

(2) 现在可以在 `NewTicket.vue` 组件的 `description` 输入框中添加 `rows` 属性：

```
<FormInput
  ...
  rows="4"/>
```

你应该在渲染好的 HTML 中看到，这个属性已经在 `FormInput` 组件内的<textarea>元素上了：

```
<textarea data-v-ae2eb904="" type="textarea" placeholder="Describe your
problem in details" rows="4" class="input"></textarea>
```

- **用户操作**

我们现在将实现用户可以在表单中执行的一些操作。

(1) 在 `SmartForm` 组件中，在输入框之后添加这两个按钮：

```
<template slot="actions">
  <router-link
    tag="button"
    :to="{name:'tickets'}"
    class="secondary">
```

```
    Go back
  </router-link>
  <button
    type="submit"
    :disabled="!valid">
    Send ticket
  </button>
</template>
```

(2) 然后实现 `operation` 方法，这与我们在 `Login` 组件中所做的类似。我们需要发送 `POST` 请求到服务器的`/tickets/new` 路径：

```
async operation () {
  const result = await this.$fetch('tickets/new', {
    method: 'POST',
    body: JSON.stringify({
      title: this.title,
      description: this.description,
    }),
  })
  this.title = this.description = ''
},
```

现在可以创建新工单了！

- **备份用户输入**

为了改善用户体验，我们应该自动备份用户在表单中输入的内容，以防出现问题。例如，浏览器可能崩溃，或用户可能意外刷新页面。

我们将编写一个 mixin，它会自动将一些数据属性保存到浏览器本地存储中，并在创建组件时恢复。

(1) 在 mixins 文件夹中创建一个新的 PersistantData.js 文件。
(2) 和其他的 mixin 一样，它会有一些参数，所以我们需要将其作为一个函数导出：

```
export default function (id, fields) {
  // TODO
}
```

`id` 参数是存储此特定组件数据的唯一标识符。

首先，我们将在 mixin 中侦听传递过来的所有字段。

(3) 为此，我们将动态创建 `watch` 对象，每个键都是字段，值则是将值保存到本地存储的处理函数：

```
return {
  watch: fields.reduce((obj, field) => {
    // 侦听处理函数
```

```
    obj[field] = function (val) {
      localStorage.setItem(`${id}.${field}`, JSON.stringify(val))
    }
    return obj
  }, {}),
}
```

(4) 回到 `NewTicket` 组件并添加 mixin：

```
import PersistantData from '../mixins/PersistantData'

export default {
  mixins: [
    PersistantData('NewTicket', [
      'title',
      'description',
    ]),
  ],
  // ...
}
```

mixin 将侦听器添加到组件中，使用 `reduce` 产生与下面相同的结果：

```
{
  watch: {
    title: function (val) {
      let field = 'title'
      localStorage.setItem(`${id}.${field}`, JSON.stringify(val))
    },
    description: function (val) {
      let field = 'description'
      localStorage.setItem(`${id}.${field}`, JSON.stringify(val))
    },
  },
}
```

我们将属性值保存为 JSON，因为本地存储只支持字符串。

你可以尝试在字段中输入内容，然后打开浏览器开发者工具查看已保存的两个新的本地存储项。

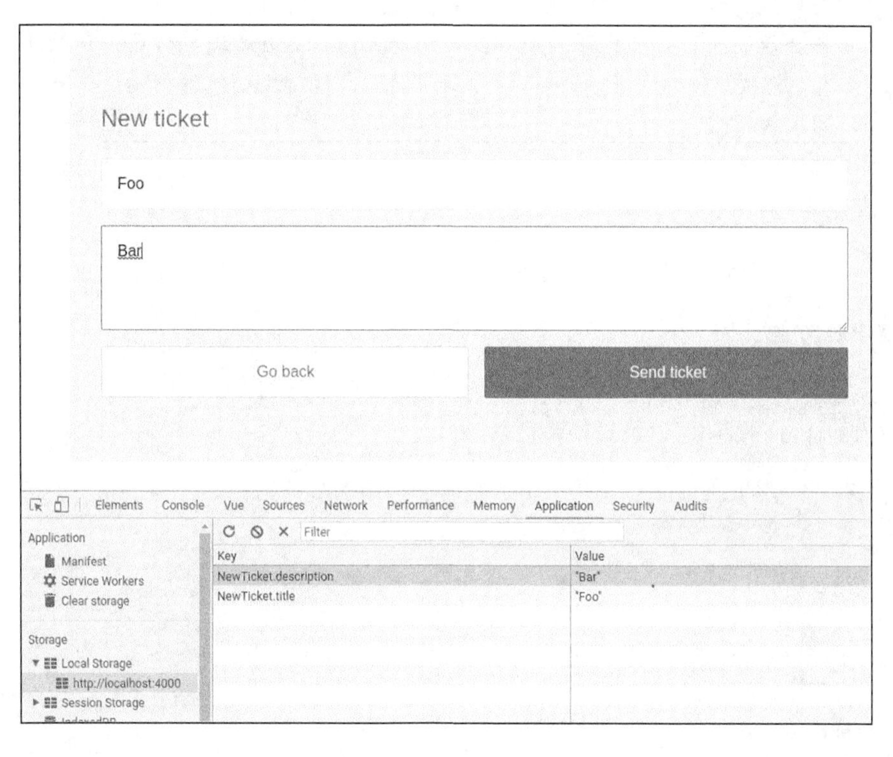

(5) 在 mixin 中，还可以设置在组件被销毁时保存字段：

```
methods: {
  saveAllPersistantData () {
    for (const field of fields) {
      localStorage.setItem(`${id}.${field}`,
      JSON.stringify(this.$data[field]))
    }
  },
},
beforeDestroy () {
  this.saveAllPersistantData()
},
```

(6) 最后，我们需要在组件创建时恢复值：

```
created () {
  for (const field of fields) {
    const savedValue = localStorage.getItem(`${id}.${field}`)
    if (savedValue !== null) {
      this.$data[field] = JSON.parse(savedValue)
    }
  }
},
```

现在，如果你在表单中输入内容，然后刷新页面，已输入的内容应该仍然保留在表单中！

将会话过期管理添加到`$fetch`中，如果在你发送新工单时已经不处于登录状态，将被重定向到登录页面。一旦再次登录，你应该马上返回表单，并且所有的输入都还在！

5.3.3　高级路由特性

本章已经接近尾声，我们将更深入地探索路由！

1. 具有参数的动态路由

我们将在应用中添加的最后一个组件是 `Ticket`，它通过 ID 显示工单的详细视图。它会显示用户输入的标题和说明，以及日期和状态。

(1) 创建一个新的 Ticket.vue 文件，并添加带有通用加载动画和 `not found` 通知的模板：

```
<template>
  <div class="ticket">
    <h2>Ticket</h2>
    <Loading v-if="remoteDataBusy"/>
    <div class="empty" v-else-if="!ticket">
      Ticket not found.
    </div>
    <template v-else>
      <!-- General info -->
      <section class="infos">
        <div class="info">
          Created on <strong>{{ ticket.date | date }}</strong>
        </div>
        <div class="info">
          Author <strong>{{ ticket.user.username }}</strong>
        </div>
        <div class="info">
          Status <span class="badge">{{ ticket.status }}</span>
        </div>
      </section>
      <!-- Content -->
      <section class="content">
        <h3>{{ ticket.title }}</h3>
        <p>{{ ticket.description }}</p>
      </section>
    </template>
  </div>
</template>
```

(2) 然后为该组件添加一个 `id` prop：

```
<script>
export default {
  props: {
```

```
    id: {
      type: String,
      required: true,
    },
  },
}
</script>
```

● **动态远程数据**

id prop 是我们将从服务器获取工单详情的工单 ID。服务器以/ticket/<id>的形式提供动态路由，其中<id>就是工单的 ID。

如果能够使用我们的 RemoteData mixin 当然很好，但它目前缺乏对动态路径的支持！我们可以做的是传递一个函数，而不是一个普通的字符串作为 mixin 参数的值。

(1) 在 RemoteData mixin 中，只需要修改在 created 钩子中处理参数的方式。如果参数的值是一个函数，我们将使用$watch 方法来侦听它的值而不是直接调用 fetchResource 方法：

```
created () {
  for (const key in resources) {
    let url = resources[key]
    // 如果值是一个函数
    // 侦听它的结果
    if (typeof url === 'function') {
      this.$watch(url, (val) => {
        this.fetchResource(key, val)
      }, {
        immediate: true,
      })
    } else {
      this.fetchResource(key, url)
    }
  }
},
```

不要忘记侦听器的 immediate: true 选项，因为我们希望在侦听值之前第一次调用 fetchResource。

(2) 在 Ticket 组件中，现在可以使用这个 mixin 根据 id prop 来加载工单数据：

```
import RemoteData from '../mixins/RemoteData'

export default {
  mixins: [
    RemoteData({
      ticket () {
        return `ticket/${this.id}`
      },
    }),
```

5

```
  ],
  // ...
}
```

让我们在 Tickets 组件中进行尝试。

(3) 添加带有新 id 数据属性的新 Ticket 组件：

```
import Ticket from './Ticket.vue'

export default {
  //...
  components: {
    Ticket,
  },
  data () {
    return {
      id: null,
    }
  },
}
```

(4) 然后在模板中添加一个 Ticket 组件：

```
<Ticket v-if="id" :id="id"/>
```

(5) 在工单列表中，将链接的标题设为工单的标题，并当链接被点击时设置 id 数据属性为工单的 ID：

```
<a @click="id = ticket._id">{{ ticket.title }}</a>
```

如果点击应用中的工单，则应在下面的列表中看到详细信息。

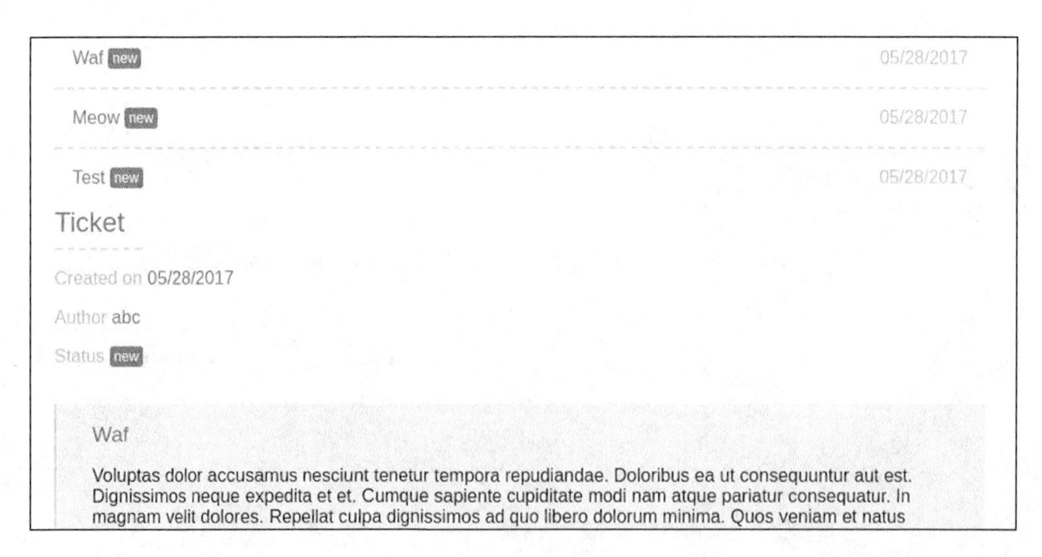

- **动态路由**

因为要把工单详情放在另一个路由中，所以撤消我们在工单列表组件中所做的操作。

这个路由将是工单列表路由的子路由，路径是`/tickets/<id>`，其中`<id>`是所显示工单的ID。这要归功于`vue-router`的动态路由匹配功能！

可以使用冒号将动态片段添加到路由路径中。然后，每个片段将暴露在路由`params`对象中。以下是带参数的路由示例。

模　式	示例路径	`$route.params`的值
/tickets/:id	/tickets/abc	{ id: 'abc' }
/tickets/:id/comments/:comId	/tickets/abc/comments/42	{ id: 'abc', comId: '42' }

(1) 在router.js文件中为`/tickets`添加新的子路由：

```
import Ticket from './components/Ticket.vue'

const routes = [
  // ...
  { path: '/tickets', component: TicketsLayout,
    meta: { private: true }, children: [
    // ...
    { path: ':id', name: 'ticket', component: Ticket },
  ] },
]
```

(2) 在`Tickets`组件列表中，需要将标题元素的链接指向新的路由：

```
<router-link :to="{name:'ticket', params: { id: ticket._id }}">
{{ ticket.title }}</router-link>
```

现在，如果你点击一个工单，`$route.params`对象的`id`属性将被设置为该工单的ID。

我们可以更改`Ticket`组件，利用计算属性（而不是prop）来使用ID：

```
computed: {
  id () {
    return $route.params.id
  },
},
```

但这是一个坏主意——我们将组件与路由耦合了！这意味着我们无法以其他方式轻松地复用它。最好的做法是使用prop将信息传递给组件，下面就来这样做吧！

(3) 我们要保留`Ticket`组件的ID prop，并告诉`vue-router`用`props`属性将所有路由参数作为prop传递给它：

```
{ path: ':id', /* ... */, props: true },
```

下面的语法更加灵活，它基于一个以路由对象作为参数的函数：

```
{ path: ':id', /* ... */, props: route => ({ id: route.params.id })
},
```

基于对象的另一种语法也是可行的（当 prop 是静态时有用）：

```
{ path: ':id', /* ... */, props: { id: 'abc' } },
```

我们不会使用第三种语法，因为 `id` prop 应该等于路由的动态参数。

如果你需要结合使用静态和动态 prop，请使用函数语法！如果路由参数和组件 prop 名称不匹配，这也很有用。

现在，`id` 参数被当作一个 prop 传递给组件。当点击列表中的一个工单时，你应该看到工单的详细信息页面。

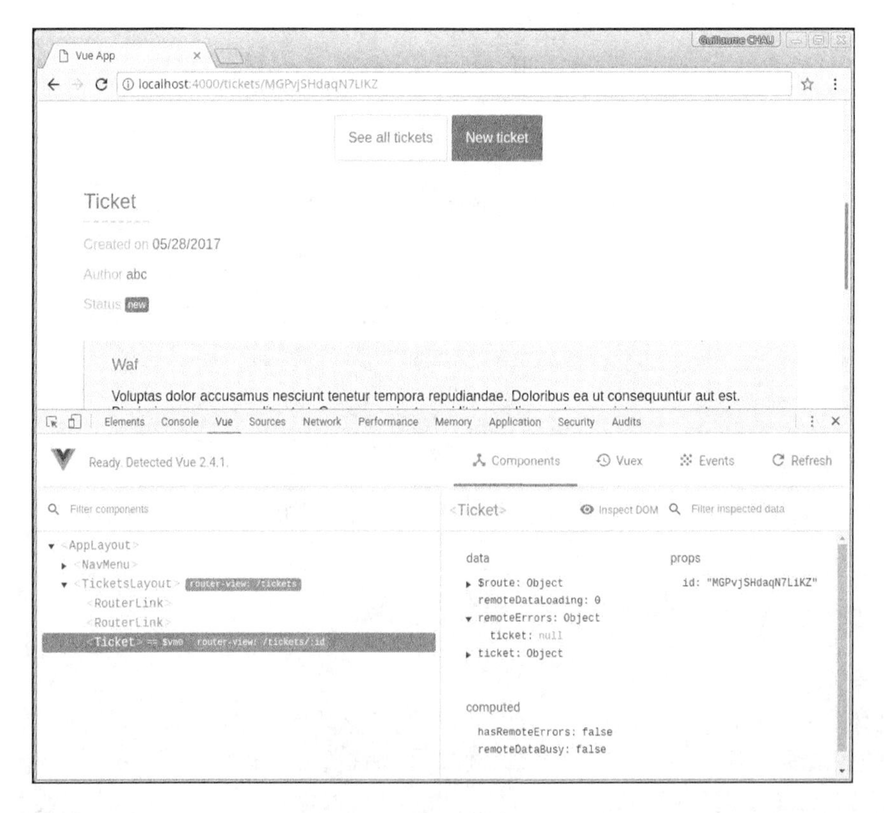

2. 未找到页面

目前，如果你在应用中输入了无效的 URL，会遇到无聊的空白页面。这是 `vue-router` 的默认行为，不过它是可以改变的！我们现在将自定义应用的“未找到”页面！

(1) 用一个新的 NotFound.vue 组件创建一个更好的“未找到”页面：

```
<template>
  <main class="not-found">
    <h1>This page can't be found</h1>
    <p class="more-info">
      Sorry, but we can't find the page you're looking for.<br>
      It might have been moved or deleted.<br>
      Check your spelling or click below to return to the
      homepage.
    </p>
    <div class="actions">
      <router-link tag="button" :to="{name:'home'}">Return to
      home</router-link>
    </div>
  </main>
</template>

<style lang="stylus" scoped>
.more-info {
  text-align: center;
}
</style>
```

(2) 现在，只需要在 router.js 文件中添加一个匹配'*'路径的新路由：

```
import NotFound from './components/NotFound.vue'

const routes = [
  // ...
  { path: '*', component: NotFound },
]
```

这意味着对于任意路由，都会显示 NotFound 组件。一个非常重要的事实是，我们把这条路由放在 routes 数组的末尾，确保了所有合法路由在匹配最后这一条特定的全拦截路由之前匹配。

现在可以尝试一个不存在的 URL（例如/foo），会得到以下页面。

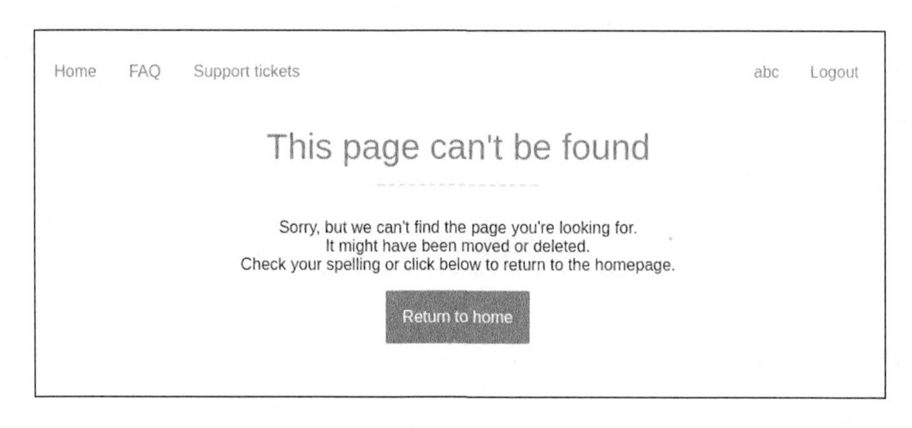

3. 过渡

对路由变化添加动画非常简单，与我们之前所做的方式完全相同。

- 在 AppLayout 组件中，使用这个过渡包装路由器视图：

```
<transition name="fade" mode="out-in">
  <router-view />
</transition>
```

router-view 特殊组件将被不同路由的不同组件所取代，从而触发过渡。

4. 滚动行为

路由器的 history 模式允许我们在路由改变时管理页面滚动。可以每次将位置重置为最高位置，或者在更改路由之前恢复用户的位置（在浏览器中返回时，这非常有用）。

在创建路由器实例时，可以传递一个 scrollBehavior 函数来获取 3 个参数。

- to 是目标路由对象。
- from 是之前的路由对象。
- savedPosition 是浏览器历史记录中每个条目自动保存的滚动位置。在路由改变之前，每个新条目都不会有这个值。

scrollBehavior 函数期望的返回值是一个可以有两种不同形式的对象。第一种形式是我们想要应用的滚动的坐标，例如：

```
{x: 100, y: 200}
```

第二种是我们希望页面滚动到的 HTML 元素的选择器，并带有可选的偏移量：

```
{ selector: '#foo', offset: { x: 0, y: 200 } }
```

(1) 因此，要在路由改变时滚动到页面的顶部，我们需要写：

```
const router = new VueRouter({
  routes,
  mode: 'history',
  scrollBehavior (to, from, savedPosition) {
    return { x: 0, y: 0 }
  },
})
```

要每次滚动到<h1>元素，我们可以这样做：

```
return { selector: 'h1' }
```

(2) 相反，我们将检查路由是否有模仿浏览器行为的散列值：

```
if (to.hash) {
  return { selector: to.hash }
}
return { x: 0, y: 0 }
```

(3) 最后，如果有滚动位置，可以恢复该滚动位置：

```
if (savedPosition) {
  return savedPosition
}
if (to.hash) {
  return {selector: to.hash}
}
return {x: 0, y: 0}
```

就这么简单！这个应用现在应该表现得像一个旧式多页面网站。你之后可以使用偏移或路由元属性来自定义滚动行为的方式。

5.4 小结

在本章中，我们借助 Vue 和官方 `vue-router` 库创建了一个相当大的应用。我们创建了几个路由，并将它们与链接连接起来，形成了一个真正的导航菜单。然后，我们创建了一个通用的可复用组件来构建应用表单，这帮助我们制作了登录和注册表单。然后，我们将用户认证系统与路由器集成在一起，因此应用能以聪明的方式对页面刷新或会话过期做出反应。最后，我们深入了解了 `vue-router` 的特性和功能，以进一步加强我们的应用和用户体验。

虽然这个应用已经完成，但你可以自行改进它！以下是你可以实施的一些想法。

- 向工单添加评论。在评论列表中显示每条评论以及相应用户的名字。
- 添加“关闭此工单”按钮，阻止用户添加新评论。
- 在工单列表中的已关闭工单旁边显示一个特殊图标！
- 为用户添加角色。例如，普通用户可以打开工单，但只有管理员用户可以关闭它们。

在下一章中，我们将创建一个带地理定位的博客应用。我们将学习如何使用集中式 state 解决方案来扩展应用，以及如何集成第三方库来扩展 Vue 的功能。

5

第 6 章

项目 4：博客地图

本章，我们将构建第四个应用。这会涉及以下新知识点：

- 使用官方提供的 Vuex 库来集中管理应用状态；
- 使用 Google OAuth API 将应用和用户连接起来；
- 使用第三方库 `vue-googlemaps` 将 Google 地图集成到应用中；
- 渲染函数和 JSX；
- 函数式组件——更轻量、更快速的组件。

这个应用叫作博客地图，主要展示一个可供用户发布博客的大地图。以下是它的一些主要功能：

- 一个登录页，用户可使用 Google 账号授权登录；
- 主界面显示一张 Google 地图，每篇博客都在地图上有相应的标记；
- 用户点击地图上的标记时，右侧面板展示该标记处的位置信息、博客、点赞数，以及评论列表等；
- 用户点击地图上标记外的其他地点时，侧边栏面板会显示一个表单，以便用户在此地点新建一篇博客；
- 应用顶栏展示用户的头像和姓名，以及一个定位按钮和一个登出按钮。

最终的应用界面如下图所示。

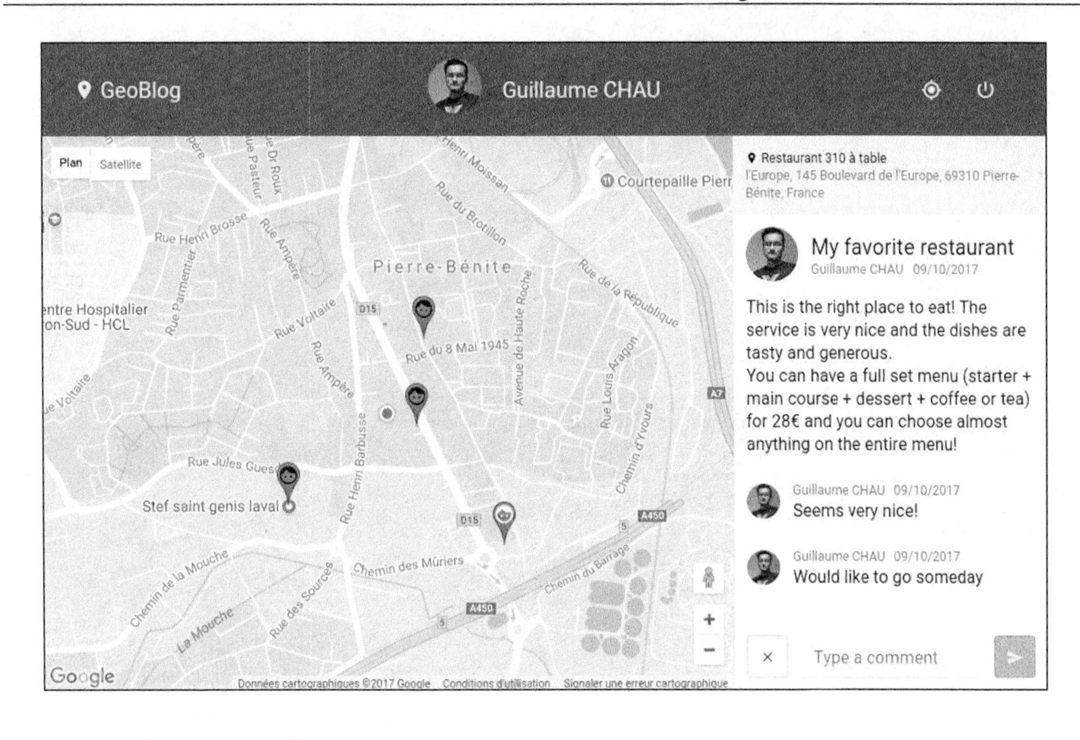

6.1 Google 认证和状态管理

在第一部分，我们将创建一个 Vuex store（仓库）来帮助我们管理应用的状态。有了 Google OAuth API，用户可以方便地通过 Google 账号登录我们的应用。接着，我们就能使用 Vuex store 存储登录用户的信息了。

6.1.1 项目设置

首先搭建新项目的基本结构。我们将继续使用在第 5 章中用到的路由以及其他一些特性。

1. 创建应用

这里，我们将搭建博客地图应用的基本结构。

(1) 参考第 5 章中的做法，先使用 `vue-init` 初始化一个 Vue 项目，接着安装 Babel、routing、Stylus 等包：

```
vue init webpack-simple geoblog</strong>
cd geoblog
npm install
npm install --save vue-router babel-polyfill
npm install --save-dev stylus stylus-loader babel-preset-vue
```

不要忘记在.babelrc 文件中加上"vue"前缀。

(2) 移除 src 目录中的所有内容。

(3) 这里要复用在第 5 章中制作好的$fetch 插件，所以将 src/plugins/fetch.js 文件复制到新项目中。

(4) 参考第 5 章，在 src 文件夹中添加 main.js 文件，它将是我们应用的入口：

```
import 'babel-polyfill'
import Vue from 'vue'
import VueFetch, { $fetch } from './plugins/fetch'
import App from './components/App.vue'
import router from './router'
import * as filters from './filters'

// 过滤器
for (const key in filters) {
  Vue.filter(key, filters[key])
}

Vue.use(VueFetch, {
  baseUrl: 'http://localhost:3000/',
})

function main () {
  new Vue({
    ...App,
    el: '#app',
    router,
  })
}

main()
```

(5) 我们还需要使用 moment.js 来显示日期，所以使用以下命令安装：

```
npm i -S moment
```

上面的简写等同于 npm install --save。对于开发依赖，可以使用 npm i -D 简写来代替 npm install --save-dev。

(6) 像之前一样，在 src/filters.js 文件中创建一个简单的日期过滤器：

```
import moment from 'moment'

export function date (value) {
  return moment(value).format('L')
}
```

(7) 在$fetch 插件中移除对 state.js 文件的引用，因为这次并不会使用它：

```
// 移除此行
import state from '../state'
```

(8) 另外，当用户请求接口返回 `403` HTTP 返回码时，我们登出用户的方式也有所不同，所以需要移除相关代码：

```
} else if (response.status === 403) {
  // 如果会话不再有效
  // 我们登出
  // TODO
} else {
```

(9) 最后，下载源代码文件，并将 chapter6-full/client/src/styles 中的文件放到 src/styles 目录中。

2. 路由配置

这个应用由 3 个页面组成：

- 登录页面，包含一个 Sign in with Google 按钮；
- 主页面，用来展示博客地图；
- 404 页面。

下面来创建主组件，并用空组件设置这些页面。

(1) 创建新的 src/components 文件夹，然后将第 5 章的 `NotFound.vue` 组件复制到其中。

(2) 在 App.vue 文件中添加 `router-view` 组件和主样式文件：

```
<template>
  <div class="app">
    <router-view/>
  </div>
</template>

<style lang="stylus">
@import '../styles/main';
</style>
```

(3) 新建 GeoBlog.vue 文件，目前只有几行代码：

```
<template>
  <div class="geo-blog">
    <!-- 更多内容，敬请期待 -->
  </div>
</template>
```

(4) 新建 Login.vue 文件，添加 Sign in with Google 按钮，并绑定点击事件到 `openGoogle-Signin` 方法：

6

```
<template>
  <div class="welcome">
    <h1>Welcome</h1>

    <div class="actions">
      <button @click="openGoogleSignin">
        Sign in with Google
      </button>
    </div>
  </div>
</template>

<script>
export default {
  methods: {
    openGoogleSignin() {
      // TODO
    },
  },
}
</script>
```

(5) 参照第5章新建一个router.js文件，它将包含3个路由：

```
import Vue from 'vue'
import VueRouter from 'vue-router'

import Login from './components/Login.vue'
import GeoBlog from './components/GeoBlog.vue'
import NotFound from './components/NotFound.vue'

Vue.use(VueRouter)

const routers = [
  { path: '/', name: 'home', component: GeoBlog,
    meta: { private: true } },
  { path: '/login', name: 'login', component: Login },
  { path: '*', component: NotFound },
]

const router = new VueRouter({
  routers,
  mode: 'history',
  scrollBehavior (to, from, savedPosition) {
    if (savedPosition) {
      return savedPosition
    }
    if (to.hash) {
      return { selector: to.hash }
    }
    return { x: 0, y: 0 }
  },
})
```

```
// TODO：导航守卫
// 我们很快就会处理

export default router
```

确保路由已被导入 main.js 文件并注入到了应用中。接下来让我们继续吧！

6.1.2 使用 Vuex 进行状态管理

本节内容将非常令人激动，因为我们即将使用第二个非常重要的 Vue 官方库——Vuex！

有了 Vuex，我们将可以使用一个集中式 store 来管理应用的全局状态。

1. 为什么使用集中式的状态管理

要明白这个问题，首先要知道采用集中式状态管理解决方案的原因。你可能已经注意到了，在上个项目中，我们使用过一个非常简单的 state.js 文件。它有一个对象，其中包含了所有组件所需的全局数据。Vuex 则在此基础上更进一步，提出了一些全新的概念，让我们能够规范且高效地管理和调试应用的状态。

当规模越来越大时，项目中会有非常多的功能和组件（也许会超过 100 个），其中有很多需要共享数据。随着组件之间的联系越来越复杂，太多的组件需要同步数据，最终成为一团乱麻。在这种情况下，应用的状态变得不再可控、难以理解，也令迭代和维护异常困难。举个例子，想象在一棵有四五个组件的组件树中，有一个按钮需要打开一个距离很远的侧边栏面板——你可能不得不使用很多事件和 prop 在许多组件之间上下传递信息。实际上这时有两个数据源，意味着这两个组件还需要同步它们之间共享的数据，不然就会因为组件间信息的不同步而导致应用崩溃。

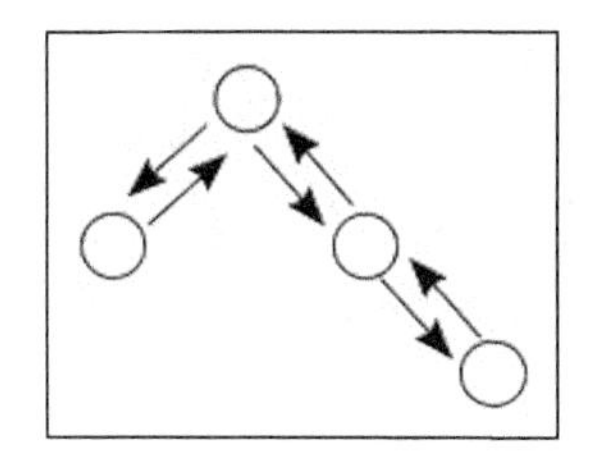

这个问题的推荐解决方案是由 Vue 提供的 Vuex。它从 Flux（由 Facebook 开发）的概念中获得灵感。另外，Flux 还演化出了 Redux 库（在 React 社区广为人知）。Flux 由一系列指导原则构成，阐明了如何使用集中式 store 来实现组件之间的单向数据流。使用这种方式的优势在于，我们可以更加容易地推算出应用的逻辑和流程，从而极大地提升应用的可维护性。当然，它的缺点是你可能需要学习更多的新知识，顺便多写几行代码。Vuex 通过有效地实现 Flux 的一些原则来帮助你改进应用架构。

一个真实的例子是 Facebook 的通知系统。这个聊天系统太过复杂，以至于系统很难知道哪些信息是已经阅读过的。有时候，你会莫名地收到一条新消息通知，而这个消息是你先前已经阅读过的。为了解决这个问题，Facebook 改变了原有的应用架构，转而使用了 Flux 的概念。

在第一个例子中，按钮和侧边栏面板不需要在整个应用中同步它们的状态，而只需使用集中式 store 来获取数据和发送事件——这意味着它们并不需要理会对方的状态，也不用依赖父组件或子组件来同步数据。也就是说，现在我们仅有唯一的数据源，它就是集中式 store——你完全不需要考虑组件之间的数据同步。

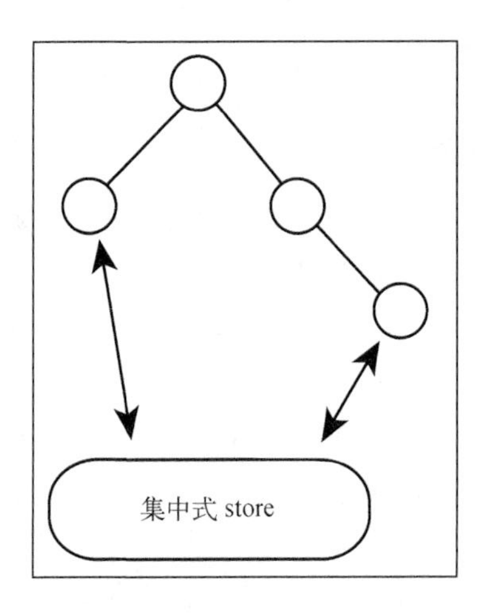

接下来，我们将使用 Vuex 库及其原则来搭建应用。

尽管 Vuex 很受推崇，但在非常小的原型项目或简单的小部件项目中，你并不一定要使用它。

2. Vuex store

Vuex 的核心元素是 store，它是一个特殊的对象，允许你将应用中的数据集中在一个设计良好的模型中，从而避免我们在上一节遇到的问题。它也将是后面进行数据存储和数据处理的主要架构。

store 包含如下信息：

- state，存储应用状态的响应式数据对象；
- getter，等价于 store 的计算属性；
- mutation，用来改变应用状态的函数；
- action，通常用来调用异步 API 的函数，然后使用 mutation 改变数据。

一个完整的 store 看起来应该是这样的。

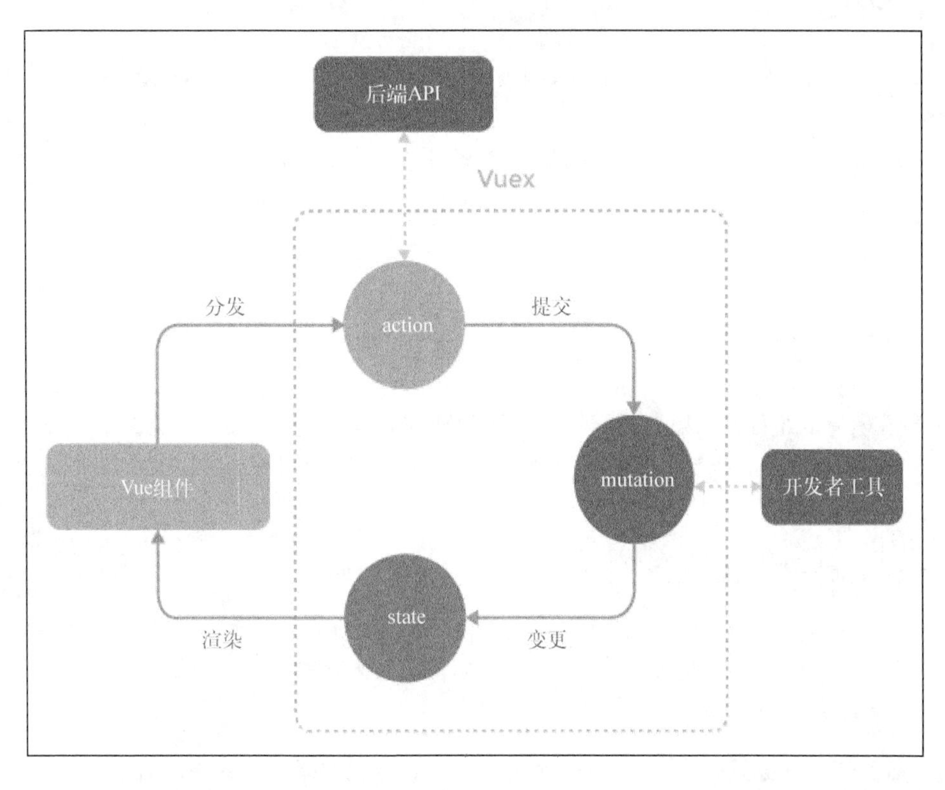

为了理解上面的这些新名词，我们先创建一个 store 来熟悉这些新的概念。你会发现它并没有看起来那么复杂。

(1) 首先，使用 `npm i -S vuex` 命令下载 Vuex。然后创建一个新的 store 文件夹，并在里面添加 index.js 文件用来安装 Vuex 插件：

```
import Vue from 'vue'
import Vuex from 'vuex'

Vue.use(Vuex)
```

(2) 使用 `Vuex.Store` 构造函数创建 store：

```
const store = new Vuex.store({
  // TODO 选项
})
```

(3) 像之前导出路由器一样导出 store：

```
export default store
```

(4) 在 main.js 文件中，导入 store：

```
import store from './store'
```

当 Webpack 检测到 store 为文件夹时，会自动导入其中的 index.js 文件。

(5) 为了让 store 在应用中生效，我们还需要像注入路由器一样注入它：

```
new Vue({
  ...App,
  el: '#app',
  router,
 // 注入 store
 store,
})
```

(6) 现在所有的组件都可以使用`$store`这个特殊的属性访问 store 了，就像`vue-router`中的特殊对象`$router`和`$route`一样。比如，你可以在组件中这样写：

```
this.$store
```

3. state 是唯一数据源

state 是 store 的主要组成部分，它展示了应用中组件的所有共享数据。Vuex 的第一个原则就是，state 是共享数据的唯一数据源。它规定所有组件都必须从这个唯一数据源中读取数据，而且保证读取的数据总是正确的。

就目前而言，state 只包含一个`user`属性，负责保存已登录用户的用户信息。

(1) 在`store`选项中添加`state`函数，该函数返回一个对象：

```
const store = new Vuex.Store({
  state() {
    return {
      user: null,
    }
  },
})
```

Vuex 的另一个非常重要的原则是，state 是**只读**的。你不应该直接修改它，否则将失去使用 Vuex 的意义（让共享状态易于预测）。如果应用中的许多组件都能随意修改 state，那么你将很难追踪数据的流向，使用开发者工具调试代码也将变得困难。因此，改变状态的唯一途径就是通过 mutation，我们很快就会接触到它。

(2) 为了读取状态，我们需要在 components 文件夹中新建`AppMenu.vue`组件。它将展示用户的信息、`center-on-user`按钮和`logout`按钮：

```
<template>
  <div class="app-menu">
    <div class="header">
      <i class="material-icons">place</i>
```

```
      GeoBlog
    </div>

    <div class="user">
      <div class="info" v-if="user">
        <span class="picture" v-if="userPicture">
          <img :src="userPicture" />
        </span>
        <span class="username">{{ user.profile.displayName }}
        </span>
      </div>
      <a @click="centerOnUser">
          <i class="material-icons">my_location</i>
      </a>
      <a @click="logout">
          <i class="material-icons">power_settings_new</i>
      </a>
    </div>
  </div>
</template>

<script>
export default {
  computed: {
    user () {
      return this.$store.state.user
    },
    userPicture () {
      return null // TODO
    },
  },
  methods: {
    centerOnUser () {
      // TODO
    },
    logout () {
      // TODO
    },
  },
}
</script>
```

user 对象将接收 Google 返回的 profile 属性，里面包含用户的姓名和头像。

(3) 在 GeoBlog.vue 中添加这个新的 AppMenu 组件：

```
<template>
  <div class="geo-blog">
    <AppMenu />
    <!-- 地图和内容 -->
  </div>
</template>
```

```
<script>
import AppMenu from './AppMenu.vue'

export default {
  components : {
    AppMenu,
  },
}
</script>
```

到目前为止，用户还没有登录，所以这里暂时没有任何显示。

4. 使用 mutation 修改状态

由于 state 被认为是只读的，所以现在修改状态的唯一方式就是通过 mutation。可以把 mutation 看成一个同步函数，它接收 state 作为第一个参数，同时接收一个可选的载荷（payload）参数，以此来更新 state。这意味着你不应该在 mutation 中使用异步操作（如服务器请求）。

(1) 让我们添加第一个 mutation，它的类型为`'user'`，将负责更新 state 中的用户：

```
const store = new Vuex.Store({
  state () { /* ... */ },

  mutations: {
    user: (state, user) => {
      state.user = user
    },
  },
})
```

Vuex 中的 mutation 和事件很像，它们都有一个类型（这里是 `user`）和一个处理函数。

表明我们在调用 mutation 的用词是**提交**（commit）。就像事件一样，我们也不能直接调用 mutation，而是通过 store 来触发对应于某个具体类型的 mutation。

要触发 mutation 处理函数，我们需要使用 `commit` 方法：

```
store.commit('user', userData)
```

(2) 试着在 `AppMenu` 组件的 `logout` 函数中使用上述方法，以便测试这个 mutation：

```
logout() {
  // TODO
  if (!this.user) {
    const userData = {
      profile: {
        displayName: 'Mr Cat',
      },
    }
```

```
      this.$store.commit('user', userData)
    } else {
      this.$store.commit('user', null)
    }
  },
```

现在点击 logout 按钮，就应该能看到用户信息的切换了。

- **严格模式**

mutation 的同步特性是出于调试的目的。使用同步的方式能让状态易于追踪，还可以借助开发者工具生成的快照方便地调试应用中的误操作。但如果你在 mutation 中使用了异步调用，调试器将无法追踪在 mutation 之前和之后的状态变化。

(1) 为了避免在 mutation 中使用异步调用，你可以开启严格模式：

```
const store = new Vuex.Store({
  strict: true,
  // ...
})
```

在严格模式下，当状态被 mutation 中的异步操作修改时，为了保证调试工具正常工作，这将会抛出一个错误。

请不要在生产环境下启用严格模式，以免影响性能。使用这行语句即可做到这一点：`strict: process.env.NODE_ENV !== 'production'`，其中的标准环境变量 `NODE_ENV` 会告诉你当前的开发环境是什么（通常是开发、测试或生产环境）。

(2) 下面在 `logout` 方法中试着直接修改状态：

```
logout () {
  if (!this.user) {
    // ...
    this.$store.state.user = userData
  } else {
    this.$store.state.user = null
  }
},
```

再次点击 logout 按钮，并打开浏览器控制台。你会看到 Vuex 抛出了错误，原因是你没有在合适的 mutation 内修改状态。

```
▶[Vue warn]: Error in callback for watcher "function () { return this._data.$$state }": "Error: [vuex] Do not mutate vuex store state outside mutation handlers."
```

- **调试利器——时间旅行**

使用 Vuex 的一大好处就是良好的调试体验。特别是在开发复杂的应用时，你可以追踪状态

6

的每一次修改，这将极大地提升你的调试效率。

将 `logout` 方法的代码回退到先前使用 mutation 的版本，然后点击几次 logout 按钮，再打开 Vue 开发者工具并切换到 Vuex 选项卡，你会看到提交到 store 的 mutation 列表。

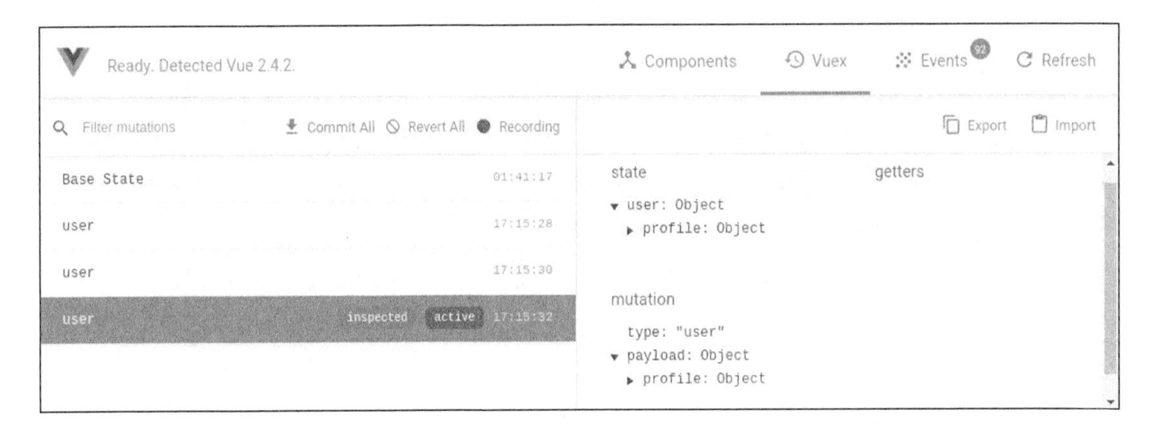

右边记录的是选中的 mutation 及其荷载（传入的参数）的状态。

只需要将鼠标移到一个 mutation 上，然后点击 Time Travel 图标按钮，你就可以回退到应用任何一个状态的快照。

上面的操作会让你的应用立马回到原来的状态！现在你可以一步步尝试，重现在应用中提交 mutation 时的状态变化了。

5. 使用 getter 计算和返回数据

可以将 getter 看成 store 的计算属性。这些函数将 state 和 getter 作为参数，返回一些状态数据。

(1) 我们先创建一个返回 state 中用户的 `user` getter：

```
const store = new Vuex.Store({
  // ...
  getters: {
    user: state => state.user,
  },
})
```

(2) 在 AppMenu 组件中，可以使用这个 getter 代替之前直接获取状态的方法：

```
user () {
  return this.$store.getters.user
},
```

虽然这和之前看起来并没有什么区别，但我们不推荐直接获取状态——你应该总是使用 getter，因为它可以让你在修改获取数据的方式时无须修改使用此数据的组件。例如，你可以改变 state 的结构和相应的 getter，同时不对组件产生任何影响。

(3) 我们再添加一个 userPicture getter，为后面处理真正的 Google 用户信息做准备：

```
userPicture: () => null,
```

(4) 在 AppMenu 组件中，可以这样使用它：

```
userPicture () {
  return this.$store.getters.userPicture
},
```

6. 使用 action 操作 store

store 的最后一个组成元素是 action。和 mutation 的不同之处是，action 并不直接修改状态。然而 action 不仅可以**提交 mutation**，还能做**异步操作**。和 mutation 类似，action 的声明由一个类型和一个处理函数构成。这个处理函数不能被直接调用，你需要像这样分发一个 action 类型：

```
store.dispath('action-type', payloadObject)
```

action 的处理函数接收两个参数：

- context，它提供 commit、dispatch、state 以及链接到 store 的 getters 工具函数；
- payload，它是 dispatch 分发时带上的参数。

(1) 创建我们的前两个 action，类型为 login 和 logout，它们不带任何参数：

```
const store = new Vuex.Store({
  // ...
  actions: {
    login ({commit}) {
      const userData = {
       profile: {
          displayName: 'Mr Cat',
        },
      }
      commit('user', userData)
    },

    logout ({commit}) {
      commit('user', null)
    },
```

```
  }
})
```

(2) 在 AppMenu 组件中，在这两个按钮的事件处理函数中加上测试代码：

```
methods: {
  centerOnUser () {
    // TODO
    // 测试登录 action
    this.$store.dispatch('login')
  },
  logout () {
    this.$store.dispatch('logout')
  },
},
```

现在，点击菜单上的按钮，你将看到用户个人资料的出现和消失。

和 getter 类似，在组件中你应该总是使用 action 而不是 mutation。因为当你的应用需要更新迭代时，修改 action 中的代码肯定比修改组件中的代码要来得更好（比如，当你需要额外调用一个新的 mutation 时）。要把 action 看成应用逻辑的抽象！

7. 辅助函数

Vuex 提供了一系列辅助函数供添加 state、getter、mutation 以及 action。出于将组件中的状态和逻辑分离的考虑，我们只应该在组件中使用 getter 和 action，所以只会用到 mapGetters 和 mapActions。

这些辅助函数将帮助我们生成相应的 getter 计算属性和 action 方法，这样就不用每次都输入 this.$store.getters 和 this.store.dispatch 了。辅助函数的参数可以是以下二者之一：

- 类型的数组，其中的每一个元素对应于组件中的同名数据；
- 对象，其中的键是组件中数据的别名，值则是类型。

例如，下面的写法使用了数组的语法：

```
mapGetters(['a', 'b'])
```

它等价于：

```
{
  a () { return this.$store.getters.a },
  b () { return this.$store.getters.b },
}
```

下面的写法使用的则是对象语法：

```
mapGetters({ x: 'a', y: 'b' })
```

它等价于：

```
{
  x () { return this.$store.getters.a },
  y () { return this.$store.getters.b },
}
```

让我们在 `AppMenu` 组件中使用这些辅助函数吧。

(1) 首先在组件中导入：

```
import { mapGetters, mapActions } from 'vuex'
```

(2) 然后，将组件修改为：

```
export default {
  computed: mapGetters([
    'user',
    'userPicture',
  ]),
  methods: mapActions({
    centerOnUser: 'login',
    logout: 'logout',
  }),
}
```

现在，该组件中将拥有两个返回对应 store getter 的计算属性，以及两个分别分发 `login` 和 `logout` action 类型的方法。

6.1.3 用户状态

在本节中，我们将添加用户系统，以便用户通过 Google 账号登录和登出。

1. 设置 Google OAuth

在使用 Google API 之前，我们首先要在 Google 开发者控制面板中配置一个新的项目。

(1) 打开开发者控制面板：console.developers.google.com。

(2) 使用页面上方的**选择项目**下拉框创建一个新项目，同时给新项目命名。当项目创建结束后，选中它。

(3) 为了获得用户的个人资料，我们还需要让 Google+ API 生效。进入 **API 和服务|库**，然后点击**社交**区域下方的 **Google+ API**。进入 **Google+ API** 页面后，点击**启用**按钮。启动成功后，你将看到一个控制面板和一些空图表。

(4) 下面需要创建一个应用凭据来让 Google 验明我们服务器的真实性。进入 **API 和服务|凭据**然后选择 **OAuth 同意屏幕**选项卡。填写表单时，请确保选择了电子邮件地址，同时填写**向用户显示的产品名称**。

(5) 选中**凭据**选项卡，点击**创建凭据**下拉框，然后选择 **OAuth 客户端 ID**。接下来，选择**应用类型**为网页应用，然后输入 URL，它将被添加到已获授权的 JavaScript 来源中。我们暂且输入 http://localhost:3000，按下回车键将其添加到列表中。然后添加 Google 重定向的 URL：http://localhost:3000/auth/google/callback，按下回车键。该 URL 将映射到服务器上的一个特殊路由。完成后，点击**创建**按钮。

(6) 将包含客户端 ID 和密钥的凭据复制或者下载到本地，不要共享给团队以外的其他人。客户端 ID 和密钥将是 Google API 认证应用的凭证，用户通过 Google 登录页面登录成功后会显示应用的名字。

(7) 下载本项目的 API 服务端代码（文件夹名为 chapter6-full/server），将其解压到 Vue app 目录外。在该新文件夹下打开一个新的终端，使用下面的命令安装服务器依赖：

```
npm install
```

(8) 下一步，使用之前从 Google 开发者控制台下载的凭据来配置 `GOOGLE_CLIENT_ID` 和 `GOOGLE_CLIENT_SECRET` 这两个环境变量。例如，在 Linux 系统中：

```
export GOOGLE_CLIENT_ID=xxx
export GOOGLE_CLIENT_SECRET=xxx
```

在 Windows 系统中：

```
set GOOGLE_CLIENT_ID=xxx
set GOOGLE_CLIENT_SECRET=xxx
```

每次在新的终端会话中启动服务器时，都需要重新配置环境变量。

(9) 使用 `start` 脚本启动服务器：

```
npm run start
```

2. 登录按钮

`Login` 组件将包含一个可以打开 Google 登录页弹框的按钮。这个弹框首先载入 Node.js 服务器的一个路由，该路由会重定向到 Google 授权页面。当用户通过授权页面登录成功后，这个弹框会再次重定向到我们的 Node.js 服务器，接着在关闭前发送一个消息到主页面。

(1) 找到 `openGoogleSignin` 方法，在其中添加打开 `/auth/google` 路由弹框的逻辑，这个路由会重定向到 Google：

```
openGoogleSignin () {
  const url = 'http://localhost:3000/auth/google'
  const name = 'google_login'
  const specs = 'width=500,height=500'
  window.open(url, name, specs)
},
```

当用户成功通过 Google 认证后，服务器的回调页面会使用标准的 postMessage API 发送一个消息到 Vue 的应用窗口。

在接收到消息时，我们需要检查消息来源是否正确（localhost:3000 代表的我们的服务器）。

(2) 新建一个 `handleMessage` 方法来处理消息：

```
handleMessage ({data, origin}) {
  if (origin !== 'http://localhost:3000') {
    return
  }

  if (data === 'success') {
    this.login()
  }
},
```

(3) 为了获取用户数据，我们需要分发类型为 `login` 的 action。先在组件中添加它：

```
import { mapActions } from 'vuex'

export default {
  methods: {
    ...mapActions([
      'login',
    ]),

    // ...
  },
}
```

(4) 使用 `mounted` 生命周期钩子（不在 `methods` 中）来添加对 window 事件的监听：

```
mounted () {
  window.addEventListener('message', this.handleMessage)
},
```

(5) 最后，别忘了在组件被销毁时移除这个监听器：

```
beforeDestroy () {
  window.removeEventListener('message', this.handleMessage)
},
```

3. store 中的用户

此前，我们已经在 store 中定义过两个跟 `user`（用户信息）相关的 action——`login` 和 `logout`，现在就来实现它们。同时，本节还将添加一些跟用户相关的功能点，比如在应用打开时加载用户会话，然后在顶栏中显示用户头像。

(1) 下面来实现 `login` action，它将和第 5 章中所做的那样获取用户数据，然后将数据提交给 state（不要忘记导入`$fetch`）：

```
async login ({ commit }) {
  try {
    const user = await $fetch('user')
    commit('user', user)

    if (user) {
      // 重定向到对应的路由，或返回首页
      router.replace(router.currentRoute.params.wantedRoute ||
        { name: 'home' })
    }
  } catch (e) {
    console.warn(e)
  }
},
```

如你所见，action 能够进行异步操作，比如这里从服务器请求了数据。在用户连接成功后，将跳转到相应的页面或首页，可参见第 5 章。

(2) `logout` action 会向服务器发送`/logout` 请求。如果当前路由为私有路由，页面将跳转到登录界面：

```
logout ({ commit }) {
  commit('user', null)

  $fetch('logout')

  // 如果这个路由是私有的
  // 我们跳转到登录页面
  if (router.currentRoute.matched.some(r => r.meta.private)) {
    router.replace({ name: 'login', params: {
      wantedRoute: router.currentRoute.fullPath,
    }})
  }
},
```

根据之前在 router.js 文件中的设置，当用户在 `home` 路由上时，页面将跳转到登录界面。

- **路由适配**

我们现在还需要植入导航守卫（见第 5 章），这样用户登录后才能进入私有路由。

在 router.js 文件中，植入 `beforeEach` 导航守卫，并使用 `user` 的 getter 来检测用户是否已成功登录。这里的实现跟刚才非常相似：

```
import store from './store'

router.beforeEach((to, from, next) => {
  console.log('to', to.name)
  const user = store.getters.user
  if (to.matched.some(r => r.meta.private) && !user) {
    next({
      name: 'login',
      params: {
        wantedRoute: to.fullPath,
      },
    })
    return
  }
  if (to.matched.some(r => r.meta.guest) && user) {
    next({ name: 'home' })
    return
  }
  next()
})
```

- **调整`$fetch` 插件**

当用户会话过期时，我们需要用户重新登录，因此`$fetch` 插件同样需要做一些修改。

6

(1) 在这种情况下（403 时），我们只需要分发 `logout` action：

```
} else if (response.status === 403) {
  // 如果会话不再有效
  // 我们登出
  store.dispatch('logout')
} else {
```

(2) 别忘了导入 store：

```
import store from '../store'
```

现在你可以试着使用 Google 登录应用了！

- **启动时检测用户会话**

应用启动时，首先需要检测用户是否有活动的会话，参照第 5 章。

(1) 为此，先新建一个常用的 `init` action。它现在只会分发一个 `login` action，但最终可能分发更多的 action：

```
actions: {
  async init ({ dispatch }) {
    await dispatch ('login')
  },

  // ...
},
```

(2) 在 main.js 文件中，分发 `init` action 并等待它完成：

```
async function main () {
  await store.dispatch('init')

  new Vue({
    ...App,
    el: '#app',
    router,
    store,
  })
}

main()
```

现在，不用返回登录界面就能通过 Google 登录并刷新页面了。

- **用户头像**

最后，我们来实现 `userPicture` getter，它将返回 Google 个人资料中 `photos` 数组的第一个元素：

```
userPicture: (state, getters) => {
  const user = getters.user
  if (user) {
    const photos = user.profile.photos
    if (photos.length !== 0) {
      return photos[0].value
    }
  }
},
```

如你所见，我们可以通过第二个参数在其他 getter 中复用现有的 getter！

现在登录后应该能看到完整的工具栏了。

4. 同步 store 和路由

我们还可以使用官方提供的 `vuex-router-sync` 包将路由集成到 store 中。它会将当前路由暴露到 state（`state.route`）中，同时在每次路由改变时都提交一个 mutation。

(1) 使用 npm 安装它：

```
npm i -S vuex-router-sync
```

(2) 使用前，先导入 main.js 文件中的 `sync` 方法：

```
import { sync } from 'vuex-router-sync'

sync(store, router)
```

现在，你可以使用 `state.route` 对象获取当前路由信息，还可以使用时间旅行调试它。

6.2　嵌入 Google 地图

在第二部分，我们将在首页添加一张地图，然后使用 Vuex store 控制它的显示。

6.2.1　安装

为了集成 Google 地图，我们需要使用一套 API 和一个第三方的 `vue-googlemaps` 包。

1. 获取 API 密钥

要在应用中使用 Google 地图，我们先启动对应的 API，然后生成一个 API 密钥：

(1) 在 Google 开发者控制面板中，返回到 **API 和服务|库**，点击**地图**下方的 **Google Maps JavaScript API**。进入页面后，点击**启动**按钮。

(2) 然后到**凭据**选项卡创建一个新的 API 密钥。

2. 安装依赖包

现在我们安装 `vue-googlemaps` 库，它将帮助我们集成 Google 地图到应用中。

(1) 在应用中，使用 npm 安装它：

```
npm i -S vue-googlemaps
```

(2) 在主文件 main.js 中，使用之前创建的 Google API 密钥启动它：

```
import VueGoogleMaps from 'vue-googlemaps'

Vue.use(VueGoogleMaps, {
  load: {
    apiKey: 'your_api_key_here',
    libraries: ['places'],
  },
})
```

这里还指明了加载 Google 地图的 Places 库，它将有助于我们展示地址的信息。

现在我们就可以访问库里的组件了！

(3) 在 `App.vue` 组件中，添加库的样式文件：

```
<style lang="stylus">
@import '~vue-googlemaps/dist/vue-googlemaps.css'
@import '../styles/main'
</style>
```

Stylus 不支持绝对路径，因此在访问这个 npm 模块时，我们使用了~字符告诉 `styles-loader` 这是一个绝对路径。

6.2.2　添加地图

地图是本应用的核心组件，它将包含以下功能：

- 用户位置的指示符；
- 每篇博客的标注；
- 当前要添加博客的标注预览。

现在，我们先在主页上添加一张简单的地图。

(1) 创建 BlogMap.vue 组件，并设置 center 和 zoom 属性：

```
<template>
  <div class="blog-map">
    <googlemaps-map
      :center="center"
      :zoom="zoom"
      :options="mapOptions"
      @update:center="setCenter"
      @update:zoom="setZoom"
    />
  </div>
</template>

<script>
export default {
  data() {
    return {
      center: {
        lat: 48.8538302,
        lng: 2.2982161,
      },
      zoom: 15,
    }
  },

  computed: {
    mapOptions() {
      return {
        fullscreenControl: false,
      }
    },
  },

  methods: {
   setCenter(value) {
      this.center = value
       },
       setZoom(value) {
         this.zoom = value
      },
    },
  }
</script>
```

(2) 然后，将其添加到 GeoBlog.vue 组件中：

```
<template>
  <div class="geo-blog">
    <AppMenu />
    <div class="panes">
      <BlogMap/>
      <!-- 其他内容 -->
    </div>
```

```
  </div>
</template>
```

添加前别忘了先导入它，并将它放在 components 选项中！

6.2.3　将 BlogMap 连接到 store

目前跟地图相关的状态仅存在于 BlogMap 组件中——让我们将其添加到 store 中！

1. Vuex 模块

在 Vuex store 中，我们可以将状态划分为不同的模块，以便更好地管理。一个模块由一个 state、getter、mutation 和 action 组成，跟 store 很像。store 和其中的每一个模块都可以包含任意数量的模块，因此你能在模块中嵌套模块——如何组织出最有利于项目的 store 模块结构需要你来斟酌。

在这个应用中，我们将创建两个模块：

- maps，用来关联地图；
- posts，用来关联博客和评论。

现在，我们专注于 maps 模块。建议至少为每个模块创建一个不同的文件或目录。

(1) 在 store 文件夹中新建一个 maps.js 文件。它导出一个默认模块定义，其中包含地图的 state：

```
export default {
  namespaced: true,

  state () {
    return {
      center: {
        lat: 48.8538302,
        lng: 2.2982161,
      },
      zoom: 15,
    }
  },
}
```

(2) 为了将模块添加到 store 中，将它添加到 store/index.js 文件的新 modules 选项中：

```
import maps from './maps'

const store = new Vuex.Store({
  // ...
  modules: {
    maps,
  },
})
```

默认情况下，模块中 getter、mutation、action 的状态也会成为这个模块的状态。这里它是

store.state.maps。

- **带命名空间的模块**

上面模块中的 namespaced 选项告诉 Vuex 在该模块的所有 getter、mutation 和 action 前添加 maps/命名空间。同时，还会在这个模块内的 commit 和 dispatch 调用中添加它们。

下面添加几个 getter，它们将在 BlogMap 组件中用到：

```
getters: {
  center: state => state.center,
  zoom: state => state.zoom,
},
```

maps/center 和 maps/zoom getter 会被添加到 store 中。使用时，可以这么写：

```
this.$store.getters['maps/center']
```

或者使用 getter 辅助函数：

```
mapGetters({
  center: 'maps/center',
  zoom: 'maps/zoom',
})
```

也可以指定命名空间：

```
...mapGetters('maps', [
  'center',
  'zoom',
]),
...mapGetters('some/nested/module', [
  // ...
]),
```

最后一种方式是使用 createNamespacedHelpers 方法生成基于某个命名空间的辅助函数：

```
import { createNamespacedHelpers } from vuex
const { mapGetters } = createNamespacedHelpers ('maps')

export default {
  computed: mapGetters([
    'center',
    'zoom',
  ]),
}
```

- **访问全局元素**

你可以在命名空间模块的 getter 中访问到根状态和根 getter（即所有的 getter），如下所示：

```
someGetter: (state, getters, rootState, rootGetters) => { /* ... */ }
```

在 action 中，你可以访问到上下文的 rootGetters。同时，还可以在 commit 和 dispatch 调用中使用{ root: true }选项：

```
myAction ({ dispatch, commit, getters, rootGetters }) {
  getters.a // store.getters['maps/a']
  rootGetters.a // store.getters['a']
  commit('someMutation') // 'maps/someMutation'
  commit('someMutation', null, { root: true }) // 'someMutation'
  dispatch('someAction') // 'maps/someAction'
  dispatch('someAction', null, { root: true }) // 'someAction'
}
```

2. BlogMap 模块和组件

这一小节里，我们将给 BlogMap 组件绑定上 maps 模块。

- **mutation**

首先，在 maps 模块中添加 center 和 zoom mutation：

```
mutatioins: {
  center (state, value) {
    state.center = value
  },
  zoom (state, value) {
    state.zoom = value
  },
},
```

- **action**

然后，设置提交这些 mutation 的 action：

```
actions: {
  setCenter ({ commit }, value) {
    commit('center', value)
  },

  setZoom ({ commit }, value) {
    commit('zoom', value)
  },
},
```

- **组件映射**

回到 BlogMap 组件，使用辅助函数映射 getter 和 action：

```
import { createNamespacedHelpers } from 'vuex'

const {
  mapGetters,
  mapActions,
```

```
} = createNamespacedHelpers('maps')

export default {
  computed: {
    ...mapGetters([
      'center',
      'zoom',
    ]),

    mapOptions() {
      // ...
    },
  },

  methods: mapActions([
    'setCenter',
    'setZoom',
  ]),
}
```

现在我们可以通过 Vuex store 管理地图的状态了！

3. 用户位置

现在，添加用户位置的指示符。我们可以通过它知道用户的位置，以便将其存储到 store 中。

(1) 在地图中添加 `googlemaps-user-position` 组件：

```
<googlemaps-map
  ...
>
  <!-- 用户位置 -->
  <googlemap-user-position
    @update:position="setUserPosition"
  />
</googlemaps-map>
```

(2) 在 `maps` 模块中添加 `userPosition` 信息：

```
state () {
  return {
    // ...
    userPosition: null,
  }
},
getters: {
  // ...
  userPosition: state => state.userPosition,
},
mutations: {
  // ...
  userPosition (state, value) {
    state.userPosition = value
  },
},
```

```
actions: {
  // ...
  setUserPosition ({ commit }, value) {
    commit('userPosition', value)
  },
}
```

(3) 然后通过合适的辅助函数将 `setUserPosition` action 映射到 `BlogMap` 组件中。

现在，你应该可以在 store 中获得用户位置了。（前提是你已经同意浏览器获取你的位置信息。）

- **以用户为中心**

要将地图以用户为中心居中放置，用户位置非常有帮助。

(1) 在 `maps` 模块中新建 `centerOnUser` action：

```
async centerOnUser ({ dispatch, getters }) {
  const position = getters.userPosition
  if (position) {
    dispatch('setCenter', position)
  }
},
```

有了这个，我们可以对 `setUserPosition` action 做一些修改——在首次获取用户位置时（这时它还是 `null`），应该以其为中心居中放置地图。

(2) 修改后的 `setUserPosition` action 应该如下所示：

```
setUserPosition ({ dispatch, commit, getters }, value) {
  const position = getters.userPosition
  commit('userPosition', value)
  // 最初以用户位置为中心
  if (!position) {
    dispatch('centerOnUser')
  }
},
```

现在打开应用试一试，你会发现地图中央有一个小蓝点定位到了你的当前位置。

默认情况下，当你的位置精确度超过 1000 米时，地图上的用户指示符是不可见的。所以，你可能会因为硬件的缘故看不到它。这时可以在 `googlemaps-user-position` 组件中传入一个更大的 `minmumAccuracy` 属性值来解决。

(3) 在工具栏中还有一个 `'center on user'` 按钮，所以需要在 `AppMenu` 组件中替换 `centerOnUser` action 的映射：

```
methods: mapActions({
  logout: 'logout',
  centerOnUser: 'maps/centerOnUser',
}),
```

6.3 博客和评论

在最后一部分，我们将在应用中添加博客内容。每篇博客都有一个位置信息和一个可选的Google 地图地址 ID（可以添加对地址的描述，比如 Restaurant A）。另外，我们还会加载地图可见区域内的所有博客，每一篇博客都显示为一个带自定义图标的标记。点击标记后，右侧边栏会显示该博客的内容和评论列表。点击地图上的其他位置时，我们将在该位置创建一篇博客草稿并放到 Vuex store 中，同时在右侧边栏显示一个可编辑草稿内容并保存的表单。

6.3.1 在 store 中添加博客模块

首先，新建一个命名空间为 `posts` 的 Vuex 模块，用以管理与博客相关的状态数据。

(1) 新建一个包含以下 state 属性的 store/posts.js 文件：

```
export default {
  namespaced: true,

  state () {
    return {
      // 博客草稿
      draft: null,
      // 上一次请求的地图范围
      // 防止重复请求
      mapBounds: null,
      // 当前地图范围内的博客
      posts: [],
      // 当前选中的博客 ID
      selectedPostId: null,
    }
  },
}
```

(2) 下面添加几个 getter：

```
getters: {
  draft: state => state.draft,
  posts: state => state.posts,
  // 博客的 id 字段为'_id' (在 MongoDB 中)
  selectedPost: state => state.posts.find(p => p._id ===
  state.selectedPostId),
  // 草稿优先于当前选中的博客
  currentPost: (state, getters) => state.draft ||
  getters.selectedPost,
},
```

(3) 再添加一些 mutation（注意，这里我们同时修改了 `posts` 和 `mapBounds`，以保证数据一致）：

```
mutations: {
  addPost (state, value) {
    state.posts.push(value)
  },

  draft (state, value) {
    state.draft = value
  },

  posts (state, { posts, mapBounds }) {
    state.posts = posts
    state.mapBounds = mapBounds
  },

  selectedPostId (state, value) {
    state.selectedPostId = value
  },

  updateDraft (state, value) {
    Object.assign(state.draft, value)
  },
},
```

(4) 最后将它添加到 store 中，如同之前的 `maps` 模块一样：

```
import posts from './posts'

const store = new Vuex.Store({
  // ...
  modules: {
    maps,
    posts,
  },
})
```

6.3.2　渲染函数和 JSX

在第 4 章中，我已经看到过关于渲染函数和 JSX 的内容。这是一种不同于模板的组件视图编写方式。在继续后面的内容之前，我们先深入了解它们，然后将其应用于实践。

1. 使用 JavaScript 渲染函数编写视图

Vue 会将模板编译成 `render` 函数。也就是说，所有的组件视图最后都是 JavaScript 代码。这些渲染函数将构成虚拟 DOM 树的元素，而这些元素最后会显示在真正的 DOM 中。

大多数情况下，使用模板就够用了，但是你也可能遇到需要使用 JavaScript 完整编程能力来编写组件界面的情况。这时，可以在组件中使用 `render` 函数而不是指定一个模板，例如：

```
export default {
  props: ['message'],
  render (createElement) {
```

```
    return createElement(
      // 元素或组件
      'p',
      // 数据对象
      { class: 'content' },
      // 子节点或文字内容
      this.message
    )
  },
}
```

第一个参数是 createElement，你需要调用这个函数来创建元素（可以是 DOM 元素或者 Vue 组件）。它最多可以接收 3 个参数。

- element（必选）可以是一个 HTML 标签、一个已注册组件的 ID，或者是一个定义组件的对象。它可以是一个返回上面其中之一的函数。
- data（可选）是一个数据对象，用来指定 CSS 类、prop、事件等。
- children（可选）可以是一个文本字符串或一个由 createElement 构建而成的子节点数组。

将 h 作为 createElement 的别名是一个通用惯例（我们马上会看到这实际上也是 JSX 的要求）。h 来自于 hyperscript，表示“使用 JavaScript 编写 HTML”。

第一个例子将实现跟以下模板相同的功能：

```
<template>
  <p class="content">{{ message }}</p>
</template>
```

- **动态模板**

直接写渲染函数的主要优势在于，它更接近编译器，你可以使用 JavaScript 的完整能力来操控模板。不过明显的缺点就是，它一点也不像我们熟悉的 HTML。不过 JSX 会对此有所弥补，我们将会在后面的“JSX 是什么”一节中看到。

例如，你可以创建一个渲染任意层级标题的组件：

```
Vue.component('my-title', {
  props: ['level'],
  render (h) {
    return h(
      // 标签名
      `h${this.level}`,
      // 默认插槽内容
      this.$slots.default,
    )
  }
})
```

这里省略了可选的 data 参数，只传递了标签名和内容。

接下来，我们可以使用它在模板中渲染一个<h2>标题元素：

```
<my-title level="2">Hello</my-title>
```

与之等价的模板语法则十分冗长：

```
<template>
  <h1 v-if="level === 1">
    <slot></slot>
  </h1>
  <h2 v-else-if="level === 2">
    <slot></slot>
  </h2>
  <h3 v-else-if="level === 3">
    <slot></slot>
  </h3>
  <h4 v-else-if="level === 4">
    <slot></slot>
  </h4>
  <h5 v-else-if="level === 5">
    <slot></slot>
  </h5>
  <h6 v-else-if="level === 6">
    <slot></slot>
  </h6>
</template>
```

- **数据对象**

第二个可选参数是数据对象，它可以传递额外的元素信息给 createElement（或 h）。例如，你可以使用与传统模板中 v-bind:class 指令相同的方式指定 CSS 类，或者添加事件监听器。

下面是一个数据对象的例子，它涵盖了大部分的特性：

```
{
  // 和 v-bind:class 一样的 API
  'class': {
    foo: true,
    bar: false
  },
  // 和 v-bind:style 一样的 API
  style: {
    color: 'red',
    fontSize: '14px'
  },
  // 普通的 HTML 属性
  attrs: {
    id: 'foo'
```

```
  },
  // 组件 prop
  props: {
    myProp: 'bar'
  },
  // DOM 属性
  domProps: {
    innerHTML: 'baz'
  },
  // 事件处理函数嵌套在"on"下面，
  // 但是不支持 v-on:keyup.enter 这样的修饰符
  // 你可以在处理函数中手动检查键值名
  on: {
    click: this.clickHandler
  },
  // 仅组件可用
  // 用来监听原生事件，而不是组件中通过 vm.$emit 发出的事件
  nativeOn: {
    click: this.nativeClickHandler
  },
  // 自定义指令
  // 注意不要设置 oldValue 字段，因为 Vue 会自动追踪它
  directives: [
    {
      name: 'my-custom-directive',
      value: '2'
      expression: '1 + 1',
      arg: 'foo',
      modifiers: {
        bar: true
      }
    }
  ],
  // 插槽名，在当前组件是另一组件的组件时使用
  slot: 'name-of-slot'
  // 其他特殊的顶层属性
  key: 'myKey',
  ref: 'myRef'
}
```


比如，可以在标题级别小于某个特殊值时添加一个特殊的 CSS 类：

```
Vue.component('my-title', {
  props: ['level'],
  render (h) {
    return h(
      // 标签名
      `h${this.level}`,
      // 数据对象
      {
       'class': {
          'important-title': this.level <= 3,
        },
      },
```

```
        // 默认插槽内容
        this.$slots.default,
      )
    }
  })
```

也可以添加一个点击事件的监听器，它会调用组件中的方法：

```
Vue.component('my-title', {
  props: ['level'],
  render (h) {
    return h(
      // 标签名
      `h${this.level}`,
      // 数据对象
      {
        on: {
          click: this.clickHandler,
        },
      },
      // 默认插槽内容
      this.$slots.default,
    )
  },
  methods: {
    clickHandler (event) {
      console.log('You clicked')
    },
  },
})
```

关于数据对象的详细描述，可以参考官方文档（https://cn.vuejs.org/v2/guide/render-function.html#深入-data-对象）。

正如我们所看到的，Vue 在模板底层使用了纯 JavaScript 渲染函数来构建！我们甚至可以编写自己的渲染函数，使用 `createElement`（或 `h`）函数来构建需要添加到虚拟 DOM 的元素。

这种编写界面的方式比使用模板更加灵活和强大，但也更复杂和冗长。在你觉得合适的时候使用它吧！

- **虚拟 DOM**

`render` 函数返回由 `createElement`（或 `h`）建立的一个节点树，这些节点在 Vue 中称为 VNode。这棵节点树代表 Vue 承载的虚拟 DOM 中的一个组件视图。DOM 中的每个元素都是一个节点——HTML 元素、文本，甚至注释也是节点。

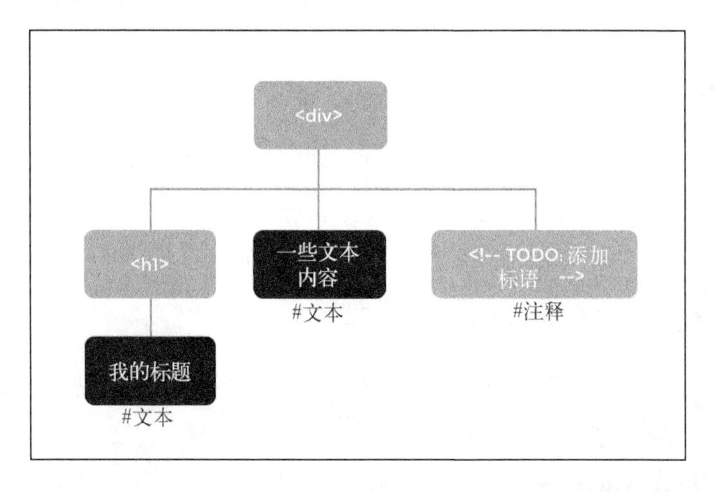

Vue 不直接将虚拟 DOM 树转化为实际的 DOM 树，因为这样可能引发很多 DOM 操作（添加或移除节点），十分损耗性能。为了更加高效，Vue 在两种 DOM 树之间创建一个差异表，只在必要时才会通过 DOM 操作将虚拟 DOM 同步到实际的 DOM。

2. JSX 是什么

创建 JSX 这一语言是为了在 `render` 函数中编写更类似于 HTML 形式的代码。它实际上是一种很像 XML 的 JavaScript 语法扩展。使用 JSX 写上一个例子会是这样：

```
export default {
  props: ['message'],
  render (h) {
    return <p class = "content">
      {this.message}
    </p>
  },
}
```

是 Babel 让这一切成为可能。Babel 是一个负责将 ES2015 JavaScript（或更新版本）代码编译成旧 ES5 JavaScript 代码的库，而 ES5 JavaScript 可以运行在老的浏览器中，比如 IE。Babel 也可以用来实现 JavaScript 语言的一些新特性（比如可能出现在未来版本里的草案特性）或是像 JSX 这样全新的语法扩展。

`babel-preset-vue` 中包含的 `babel-plugin-transform-vue-jsx` 插件负责将 JSX 代码转换为 `h` 函数中使用的真正的 JavaScript 代码。所以上一个 JSX 例子将被转换为：

```
export default {
  props: ['message'],
  render (h) {
    return h ('p', { class: 'content' }, this.message)
  },
}
```

这也是为什么我们要在JSX中用 `h` 来代替 `createElement`。

幸好，vue-cli已经帮我们配置好了，所以可以直接在.vue文件中编写JSX代码！

3. 编写博客内容结构（使用JSX！）

让我们新建一个src/components/content文件夹，并在其中创建一个BlogContent.vue文件。这个组件代表右侧边栏，负责显示右边的组件。

- `LocationInfo.vue` 组件，当地图上有地点被选中时，显示该地点的地址和名字。
- 往下一点，会显示以下三个组件中的一个：
  - `NoContent.vue` 组件，当没有任何地点被选中时，会显示一个点击地图的提示；
  - `CreatePost.vue` 组件，当有一篇博客草稿时，会显示一个表格；
  - `PostContent.vue` 组件，当一篇真正的博客被选中时，会显示博客的内容及评论列表。

(1) 同样在content目录下使用空模板创建这些组件：

```
<template></template>
```

回到 `BlogContent.vue` 组件！我们将在这个新组件中实践JSX。

(2) 首先创建带命名空间的辅助函数：

```
<script>
import { createNamespacedHelpers } from 'vuex'

// posts 模块
const {
  mapGetters: postsGetters,
  mapActions: postsActions,
} = createNamespacedHelpers('posts')

</script>
```

重命名带命名空间的辅助函数是个很好的实践，因为未来可能还会为其他模块添加辅助函数。举个例子，如果不这么做，可能最后会有两个 `mapGetters`，而这是不可行的。这里，我们将 `mapGetters` 重命名为 `postsGetters`，同时将 `mapActions` 重命名为 `postsActions`。

(3) 接着，添加组件定义：

```
export default {
  computed: {
    ...postsGetters([
```

```
      'draft',
      'currentPost',
    ]),

    cssClass () {
      return [
        'blog-content',
        {
          'has-content': this.currentPost,
        },
      ]
    },
  },
}
```

当没有选中的博客或没有编辑中的草稿时，将使用 has-content CSS 类在智能手机上隐藏面板（将会变成全屏）。

(4) 下一步，使用 JSX 编写渲染函数：

```
render (h) {
  let Content
  if (!this.currentPost) {
    Content = NoContent
  } else if (this.draft) {
    Content = CreatePost
  } else {
    Content = PostContent
  }

  return <div class = {this.cssClass}>
    <LocationInfo />
    <Content />
  </div>
},
```

别忘了导入另外 4 个组件！

在 JSX 中，标签首字母大小写很重要！如果是小写，编译器会认为它是 createElement 函数的一个字符串参数，然后将它编译为一个 HTML 元素或已注册组件（比如，<div>）。反之，如果首字母为大写，编译器则会认为它是一个变量！在之前的代码中，直接使用 import 导入 LocationInfo，例如：

```
import LocationInfo from './LocationInfo.vue'

export default {
  render (h) {
    return <LocationInfo/>
  }
}
```

利用这个特性，我们可以动态地选择要显示的组件。这得益于 `Component` 变量（注意 `C` 是大写的）。如果变量的首字母是小写则该特性将失效。

(5) 现在同样使用 JSX 来重写 `GeoBlog.vue` 组件，同时添加 `BlogContent` 组件：

```
<script>
import AppMenu from './AppMenu.vue'
import BlogMap from './BlogMap.vue'
import BlogContent from './content/BlogContent.vue'

export default {
  render (h) {
    return <div class="geo-blog">
      <AppMenu />
      <div class="panes">
        <BlogMap />
        <BlogContent />
      </div>
    </div>
  }
}
</script>
```

别忘了移除文件中的<template>部分！不能既使用渲染函数又使用模板。

4. NoContent 组件

在继续后面的内容之前，让我们快速添加 `NoContent.vue` 组件的模板。在用户没有选中博客时，它将只显示一个提示：

```
<template>
  <div class="no-content">
    <i class="material-icons">explore</i>
    <div class="hint">Click on the map to add a post</div>
  </div>
</template>
```

6.3.3　创建一篇博客

当用户点击地图上没有标记的地点时，我们会为其创建一篇博客草稿，用户可以通过右侧面板的表单编辑博客的内容。当用户点击 Create 按钮时，我们将草稿发送到服务器，并将结果（新博客的数据）添加到博客列表中。

1. 添加博客草稿 action

在 `posts` 命名空间模块中，我们需要几个新的 action 来创建、更新和清空博客草稿。

添加 clearDraft、createDraft、setDraftLocation 和 updateDraft action：

```
actions: {
  clearDraft ({ commit }) {
    commit('draft', null)
  },
  createDraft ({ commit }) {
    // 默认草稿
    commit('draft', {
      title: '',
      content: '',
      position: null,
      placeId: null,
    })
  },

  setDraftLocation ({ dispatch, getters }, { position, placeId }) {
    if (!getters.draft) {
      dispatch('createDraft')
    }
    dispatch('updateDraft', {
      position,
      placeId,
    })
  },

  updateDraft ({ dispatch, commit, getters }, draft) {
    commit('updateDraft', draft)
  },
},
```

当用户点击地图时，我们调用 setDraftLocation action。在没有草稿的情况下，它将自动新建一个草稿，同时更新草稿的地点信息。

2. 修改 BlogMap

接下来，需要修改 BlogMap 组件以将其集成到 Vuex store 中。

(1) 首先，在 BlogMap.vue 组件中添加 posts 命名空间模块的 Vuex 辅助函数，别忘了重命名之前在 maps 模块中定义过的辅助函数：

```
// Vuex 地图
// maps 模块
const {
  mapGetters: mapsGetters,
  mapActions: mapsActions,
} = createNamespacedHelpers('maps')
// posts 模块
const {
  mapGetters: postsGetters,
  mapActions: postActions,
} = createNamespacedHelpers('posts')
```

6

(2) 添加 `draft` getter：

```
computed: {
  ...mapsGetters([
    'center',
    'zoom',
  ]),
  ...postsGetters([
    'draft',
  ]),
  // ...
},
```

(3) 再添加 `setDraftLocation` action：

```
methods: {
  ...mapsActions([
    'setCenter',
    'setUserPosition',
    'setZoom',
  ]),

  ...postsActions([
    'setDraftLocation',
  ]),
},
```

点击处理函数

我们同样需要添加点击地图的处理函数，用以新建一篇博客。

(1) 在地图上添加 `click` 处理函数：

```
<googlemaps-map
  : center="center"
  : zoom="zoom"
  : options="mapOptions"
  @update: center="setCenter"
  @update: zoom="setZoom"
  @click="onMapClick"
>
```

(2) 添加分发 `setDraftLocation` action 的方法，方法中使用的是 Google 地图最终返回的 `latLng`（位置）和 `placeId` 信息：

```
onMapClick (event) {
  this.setDraftLocation({
    position: event.latLng,
    placeId: event.placeId,
  })
},
```

现在试着点击地图，你将在开发者工具中看到两个 mutation（一个创建草稿，另一个更新地点）。

Base State	17:52:31
maps/center	17:53:07
maps/userPosition	17:53:07
posts/draft	17:53:08
posts/updateDraft　inspected　active	17:53:08

- **幻影标记**

我们想要在草稿所在的位置显示一个透明标记。这时可以使用 `googlemaps-marker` 组件。

使用从 `draft` getter 中获得的信息在 `googlemaps-map` 组件中添加一个新标记：

```
<!--新博客标记-->
<googlemaps-marker
  v-if="draft"
  : clickable="false"
  : label="{
    color: 'white',
    fontFamily: 'Material Icons',
    text: 'add_circle',
  }"
  : opacity=".75"
  : position="draft.position"
  : z - index="6"
/>
```

如果没有在地图上看到新标记，请刷新页面。

试试点击地图，你会看到上面出现了一个幻影标记。

3. 博客表单

继续编写 `CreatePost.vue` 组件！它将显示一个表单以供用户填写博客的具体信息，比如标题和内容。

(1) 创建一个带有简单表单的模板：

```
<template>
  <form
    class="create-post"
    @submit.prevent="handleSubmit">
    <input
      name="title"
      v-model="title"
      placeholder="Title"
      required />

    <textarea
      name="content"
      v-model="content"
      placeholder="Content"
      required />

    <div class="actions">
      <button
        type="button"
        class="secondary"
        @click="clearDraft">
        <i class="material-icons">delete</i>
        Discard
      </button>
      <button
        type="submit"
        :disabled="!formValid">
        <i class="material-icons">save</i>
        Post
      </button>
    </div>
  </form>
</template>
```

(2) 然后添加 `posts` 模块的 Vuex 辅助函数：

```
<script>
import { createNamespacedHelpers } from 'vuex'

// posts 模块
const {
  mapGetters: postsGetters,
  mapActions: postsActions,
} = createNamespacedHelpers('posts')
</script>
```

(3) 添加必要的 getter 和方法：

```
export default {
  computed: {
```

```
      ...postsGetters([
        'draft',
      ]),
    },
    methods: {
      ...postsActions([
        'clearDraft',
        'createPost', // 我们很快就将创建这个 action
        'updateDraft',
      ]),
    },
  }
```

(4) 然后，添加几个计算属性并使用 `v-model` 指令将其绑定到表单输入框：

```
title: {
  get() {
    return this.draft.title
  },
  set(value) {
    this.updateDraft({
      ...this.draft,
      title: value,
    })
  },
},
content: {
  get() {
    return this.draft.content
  },
  set(value) {
    this.updateDraft({
      ...this.draft,
      content: value,
    })
  },
},

formValid() {
  return this.title && this.content
},
```

如你所见，可以用这个对象表示法声明使用计算属性的两种模式：getter 和 setter！这样，我们不仅能读取数据，还能方便地修改数据。

- `get()` 函数的调用时机：当计算属性第一次被读取或需要重新计算时。
- `set(value)` 函数的调用时机：当计算属性被赋值时，比如 `this.a = 'new Value'`。

这在使用 Vuex 和表单时非常有用，因为可以让我们用 Vuex 的一个 getter 作为 `get` 部分，一个 action 作为 `set` 部分！

(5) 还需要一个 `handleSubmit` 方法来发送我们即将创建的 `createPost` action：

```
handleSubmit () {
  if (this.formValid) {
    this.createPost(this.draft)
  }
},
```

4. 实现请求部分

现在，我们将实现一个 action 来把新建博客的请求发送到服务器。

(1) 首先在 posts 模块中（不要忘了引入$fetch）新建 createPost action：

```
async createPost ({ commit, dispatch }, draft) {
  const data = {
    ...draft,
    // 我们需要获取表单对象
    position: draft.position.toJSON(),
  }

  // 发送请求
  const result = await $fetch('posts/new', {
    method: 'POST',
    body: JSON.stringify(data),
  })
  dispatch('clearDraft')

  // 更新博客列表
  commit('addPost', result)
  dispatch('selectPost', result._id)
},
```

这是我们到现在为止遇到的最复杂的 action！它会准备好要发送的数据（注意我们是如何将 Google 地图的 position 对象序列化为一个 JSON 对象的）。然后，发送一个 POST 请求到服务器的/post/new 路径下，取回新增的实际博客对象（包含_id 字段）。最后，清空草稿，将新博客添加到 store 中，同时将其设为选中状态。

(2) 我们还需要创建一个新的 selectPost action，这样新建的博客会被自动选中：

```
async selectPost ({ commit }, id) {
   commit('selectedPostId', id)
  // 获取博客详细信息（评论等）
},
```

现在你可以点击地图创建新博客了！

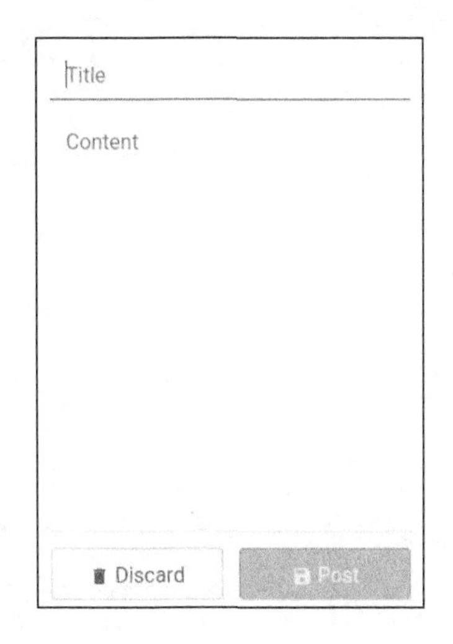

6.3.4 获取博客列表

在本节中，我们将从服务器获取博客列表并显示到地图上。

1. 添加 action

用户平移或缩放地图会导致地图区域发生变化，每当此时都要重新获取博客列表。

- **获取博客列表的 action**

让我们新建一个获取博客的 action，但首先要解决一个问题。发生如下事件如何处理：

(1) 用户移动地图；
(2) 请求 A 被发送到服务器；
(3) 用户再次移动地图；
(4) 请求 B 被发送到服务器；
(5) 由于某些原因，我们在接收到请求 A 之前接收到了请求 B；
(6) 我们设置好请求 B 返回的博客列表；
(7) 请求 A 的结果被接收到；
(8) 博客列表没有显示最新请求返回的数据。

这就是为什么需要在新请求发送时终止原来的请求。为了做到这一点，我们将在每个请求中添加唯一标识符。

(1) 在 posts.js 文件的顶部声明唯一标识符：

```
let fetchPostsUid = 0
```

(2) 现在可以新增 fetchPosts action 了。仅当地图区域和上次不同时，它才会获取地图区域内的博客列表（还有一个额外的 force 参数）：

```
async fetchPost ({ commit, state }, { mapBounds, force }) {
  let oldBounds = state.mapBounds
  if (force || !oldBounds || !oldBounds.equals(mapBounds)) {
    const requestId = ++fetchPostsUid

    // 发送请求
    const ne = mapBounds.getNorthEast()
    const sw = mapBounds.getSouthWest()
    const query = `posts ne=${
      encodeURIComponent(ne.toUrlValue())
    }&sw=${
      encodeURIComponent(sw.toUrlValue())
    }`
    const posts = await $fetch(query)

    // 当检测到发送了另一个查询请求时，终止这里的操作
    if (requestId === fetchPostsUid) {
      commit('posts', {
        posts,
        mapBounds,
      })
    }
  }
},
```

++fetchPostsUid 表达式先对 fetchPostsUid 加 1，然后返回新的值。

我们将地图区域编码为两个点：东北角和西南角。

我们通过比较待发送请求的唯一 ID（requestId）和当前 ID 计数器（fetchPostsUid）来终止查询请求。当它们不相等时，意味着已经有另一个请求被发送了（因为计数器每次都会增加），因此我们不会提交查询结果。

- **分发 action**

让我们在 maps store 中添加一个 setBounds action，它将在用户平移或缩放地图时被分发。这个 action 将分发 posts 模块中的 fetchPosts。

(1) 使用{ root: true }选项可以用无命名空间的方式来分发 action，这样就能使用 posts 模块了：

```
setBounds ({ dispatch }, value) {
  dispatch('posts/fetchPosts', {
```

```
      mapBounds: value,
    }, {
      root: true,
    })
  },
```

我们已经在 maps 模块中添加过一个 action，由于它跟地图有关，未来还可以做更多事情而不只是分发另一个 action。

(2) 在 BlogMap.vue 组件中，使用正确的辅助函数映射 setBounds action，并添加一个 ref 属性 map 和一个 idle 事件监听器到地图上：

```
<googlemaps-map
  ref="map"
  :center="center"
  :zoom="zoom"
  :options="mapOptions"
  @update:center="setCenter"
  @update:zoom="setZoom"
  @click="onMapClick"
  @idle="onIdle"
>
```

(3) 添加对应的 onIdle 方法来分发 setBounds action，同时传递地图区域：

```
onIdle () {
  this.setBounds(this.$refs.map.getBounds())
},
```

刷新应用，当你平移或缩放地图时，在开发者工具中寻找 posts mutation。

2. 显示标记

依然是在 BlogMap 组件中，我们将再次使用 googlemaps-marker 遍历博客列表，并显示各篇博客对应的标记。首先，映射 posts 和 currentPost getter 以及 selectPost action 到正确的辅助函数。然后，在 googlemaps-map 组件内添加遍历：

```
<googlemaps-marker
  v-for="post of posts"
  :key="post._id"
  :label="{
    color: post === currentPost ? 'white' : 'black',
    fontFamily: 'Material Icons',
    fontSize: '20px',
    text: 'face',
  }"
  :position="post.position"
  :z-index="5"
  @click="selectPost(post._id)"
/>
```

刷新应用，你将看到先前添加的博客出现在了地图上！另外，当你点击某个标记时，其图标还会变成白色。

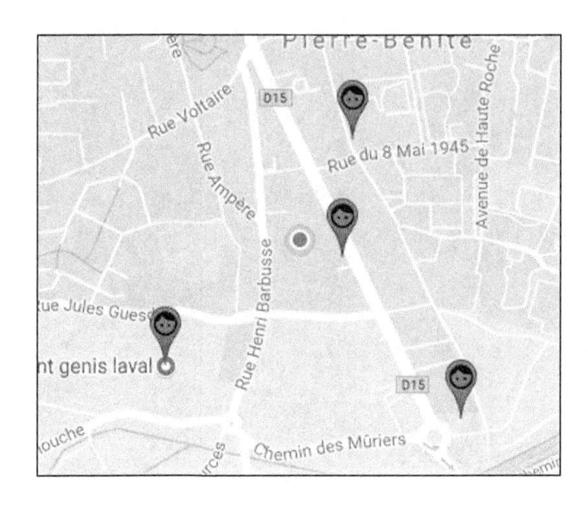

3. 登录和登出

我们还没有完成获取博客的全部功能——需要对用户的登录和登出做出响应：

- 用户登出时，我们将清空博客列表和最后一次记录的地图区域，以便重新获取博客列表；
- 用户登录时，我们将重新获取博客列表，然后再次选中上一次选中的博客。

● 登出

首先实现登出 action。

(1) 在 Vuex 的 `posts` 模块中添加一个 `logout` action，用来清空博客列表数据：

```
logout ({ commit }) {
  commit('posts', {
    posts: [],
    mapBounds: null,
  })
},
```

(2) 现在可以在主 store 中（store/index.js 文件中）调用 `logout` action：

```
logout ({ commit, dispatch }) {
  commit('user', null)
  $fetch('logout')
  // ...
  dispatch('posts/logout')
},
```

这种写法是可行的，但还可以优化——我们可以将 `posts` 命名空间子模块的 `logout` action

定义成一个根 action。这样，当 `logout` action 被分发时，`logout` 和 `posts/logout` 都将被调用！

(3) 在 `post` 模块的 `logout` action 中使用这个对象表示法：

```
logout: {
  handle ({ commit }) {
    commit('posts', {
      posts: [],
      mapBounds: null,
    })
  },
  root: true,
},
```

`handler` 属性是这个 action 调用的函数，而 `root` 布尔属性则表明这是不是一个根 action。现在 `logout` action 在 action 分发系统中将不再有命名空间，会在分发一个无命名空间的 `logout` action 时被调用。

只有 `logout` action 自身的调用不再有命名空间，它内部的 state、getter、提交和分发仍然是有命名空间的！

(4) 移除主 store 文件中 `logout` action 的这行代码：`dispatch('posts/logout')`。

- **登录**

当用户成功登录时，我们将分发一个无命名空间的 `logged-in` action。

(1) 回到 `posts` 模块，使用新的对象表示法添加 `logged-in` action：

```
'logged-in': {
  handle ({ dispatch, state }) {
    if (state.mapBounds) {
      dispatch('fetchPosts', {
        mapBounds: state.mapBounds,
        force: true,
      })
    }
    if (state.selectedPostId) {
      dispatch('selectPost', state.selectedPostId)
    }
  },
  root: true,
},
```

(2) 当用户成功授权时，在主 store 文件的 `login` action 中分发这个新的 `logged-in` action：

```
if (user) {
  // ...
  dispatch('logged-in')
}
```

6

6.3.5　选中博客

这是本章的最后一节（除了“小结”之外）！我们将创建一个组件来展示博客内容，包括博客的标题、内容、位置信息和评论列表。一个博客详情对象等同于一个博客对象加上作者信息、评论列表，以及每条评论的作者信息。

1. 博客详情

为了展示博客详情，我们先修改 Vuex 的 `posts` 模块。

- **博客的选中和发送**

(1) 在 state 中添加 `selectedPostDetails` 数据属性，并添加对应的 getter 和 mutation：

```
state () {
  return {
    // ...
    // 获取选中博客的详情
    selectedPostDetails: null,
  }
},

getters: {
  // ...
  selectedPostDetails: state => state.selectedPostDetails,
},

mutations: {
  // ...
  selectedPostDetails (state, value) {
    state.selectedPostDetails = value
  },
},
```

(2) 在 `selectPost` 中，发送请求到服务器的`/post/<id>`路由来获取博客详情：

```
async selectPost ({ commit }, id) {
  commit('selectedPostDetails', null)
  commit('selectedPostId', id)
  const details = await $fetch(`posts/${id}`)
  commit('selectedPostDetails', details)
},
```

(3) 创建一个新的 `unselectPost` action：

```
unselectPost ({ commit }) {
  commit('selectedPostId', null)
},
```

- **博客内容组件**

当用户点击地图上的标记时，需要在侧边栏面板中展示博客内容。为此，我们用一个专门的

PostContent 组件来实现。

(1) 首先将 content/PostContent.vue 组件的模板初始化为：

```
<template>
  <div class="post-content">
    <template v-if="details">
      <div class="title">
        <img :src="details.author.profile.photos[0].value" />
        <span>
          <span>{{ details.title }}</span>
          <span class="info">
            <span class="name">
              {{ details.author.profile.displayName }}</span>
            <span class="date">{{ details.date | date }}</span>
          </span>
        </span>
      </div>
      <div class="content">{{ details.content }}</div>
      <!-- TODO 评论 -->
      <div class="actions">
        <button
          type="button"
          class="icon-button secondary"
          @click="unselectPost">
          <i class="material-icons">close</i>
        </button>
        <!-- TODO 填写评论 -->
      </div>
    </template>
    <div class="loading-animation" v-else>
      <div></div>
    </div>
  </div>
</template>
```

首先是头部的作者头像、标题、作者名和该博客的创建时间，然后是博客内容，接着是评论列表和底部的工具栏。在服务器返回请求的数据前，还将显示一个加载动画。

(2) 然后需要一个脚本区域，添加 posts 模块中的 details getter 和 unselectPost action：

```
<script>
import { createNamespacedHelpers } from 'vuex'

// posts 模块
const {
  mapGetters: postsGetters,
  mapActions: postsActions,
} = createNamespacedHelpers('posts')

export default {
  computed: {
    ...postsGetters({
```

```
      details: 'selectedPostDetails',
    }),
  },

  methods: {
    ...postsActions([
      'unselectPost',
    ]),
  },
}
</script>
```

现在你可以试试选中一个标记，观察右侧边栏展示的博客内容了。

My favorite restaurant
Guillaume CHAU 09/10/2017
This is the right place to eat! The service is very nice and the dishes are tasty and generous.
You can have a full set menu (starter + main course + dessert + coffee or tea) for 28€ and you can choose almost anything on the entire menu!

2. 位置信息和作用域插槽

下面将在右侧边栏的上方展示当前博客的位置信息，包括名字和具体地址。即将使用的 vue-googlemaps 组件用到了一个 Vue 特性：作用域插槽。

- **利用作用域插槽传值到父组件**

你应该已经了解插槽是什么了，它让我们可以将元素或组件置于其他组件中。通过作用域插槽，组件中声明的<slot>部分可以传值给嵌入插槽的视图。

例如，下面的组件有一个默认插槽，以及一个结果列表 results 属性：

```
<template>
  <div class="search">
    <slot />
  </div>
</template>

<script>
export default {
```

```
  computed: {
    results () {
      return /* ... */
    },
  },
}
</script>
```

我们可以这样通过插槽将该属性传递给外部视图：

```
<slot :result="results" />
```

使用该组件时，可以在代码外层的视图模板中使用 slot-scope 属性获取到作用域内的所有数据：

```
<Search>
  <template slot-scope="props">
    <div>{{props.result.length}} results</div>
  </template>
</Search>
```

仅有一个子组件时，可省略<template>标签。

这就是 vue-googlemaps 库的组件从 Google 地图返回数据的方式，我们马上就会用到它。

和循环结合使用时，作用域插槽非常有用：

```
<slot v-for="r of results" :result="r" />
```

使用时，插槽的内容将被多次生成并传递给当前的元素：

```
<Search>
  <div slot-scope="props" class="result">{{props.result.label}}</div>
</Search>
```

在这个例子中，如果 results 计算属性返回了 3 条数据，我们将有 3 个<div>分别显示对应的结果。

6

- **实现组件**

现在我们将使用这个新的作用域插槽概念来展示博客位置信息。

(1) 在 components/content 目录下创建一个名叫 PlaceDetails.vue 的组件，它将展示某个地点的名字和详细地址：

```
<script>
export default {
  props: {
    name: String,
```

```
      address: String,
    },

    render (h) {
      return <div class="details">
        <div class="name"><i class="material-icons">place</i>
         {this.name}</div>
        <div class="address"> {this.address}</div>
      </div>
    },
  }
  </script>
```

接下来，我们将实现 LocationInfo.vue 组件。

(2) 首先是组件模板。若当前博客存储有 placeId，我们使用 googlemaps-place-details 组件；否则使用 googlemaps-geocoder 组件，它将找到与博客位置相关度最高的地址。所有的数据获取都在作用域插槽中完成：

```
<template>
  <div class="location-info" v-if="currentPost">
    <!-- 详细地址 -->
    <googlemaps-place-details
      v-if="currentPost.placeId"
      :request="{
        placeId: currentPost.placeId
      }">
       <PlaceDetails
         slot-scope="props"
         v-if="props.results"
         :name="props.results.name"
         :address="props.results.formatted_address" />
     </googlemaps-place-details>

     <!-- 仅地点 -->
     <googlemaps-geocode
      v-else
      :request="{
         location: currentPost.position,
      }">
      <PlaceDetails
        slot-scope="props"
        v-if="props.results"
        :name="props.results[1].placeDetails.name"
        :address="props.results[0].formatted_address" />
    </googlemaps-geocoder>
  </div>
  <div v-else></div>
</template>
```

(3) 在脚本部分，映射 posts 模块的 currentPost getter，同时导入刚才创建的 PlaceDetails 组件：

```
<script>
import PlaceDetails from './PlaceDetails.vue'
import { createNamespacedHelpers } from 'vuex'

// posts 模块
const {
  mapGetters: postsGetters,
} = createNamespacedHelpers('posts')

export default {
  components: {
    PlaceDetails,
  },

  computed: postsGetters([
'currentPost',
]),
}
</script>
```

现在，当选中或创建一篇博客时，应该能看到右侧边栏展示的位置信息了。

Restaurant 310 à table
l'Europe, 145 Boulevard de l'Europe, 69310 Pierre-Bénite, France

3. 评论——函数式组件

最后，我们将实现博客组件，并学习更多关于速度更快的函数式组件的内容。

- **为评论修改 store**

在介绍函数式组件之前，我们需要打好基础。

(1) 在 `posts` 模块中，新增一个给博客添加评论的 mutation：

```
addComment (state, { post, comment }) {
  post.comments.push(comment)
},
```

(2) 同样新增 `sendComment` action，用来发送查询请求到服务器的 `/posts/<id>/comment` 路由，并将结果添加到选中的博客中：

```
async sendComment ({ commit, rootGetters}, { post, comment }) {
  const user = rootGetters.user
  commit('addComment', {
    post,
    comment: {
      ...comment,
      date: new Date(),
```

```
      user_id: user._id,
      author: user,
    },
  })

  await $fetch(`posts/${post._id}/comment`, {
    method: 'POST',
    body: JSON.stringify(comment),
  })
},
```

由于命名空间模块不同，这里使用全局的 rootGetters 来获取用户数据。

- **函数式组件**

在 Vue 中，每个组件实例在创建时都需要做一些设置，比如数据响应系统、组件生命周期等。函数式组件则是一种更轻量的选择。它们自身没有任何状态（无法使用 this 关键字），也不会在开发者工具中显示，但是在某些情况下有非常大的优势——速度更快且使用的内存更少！

由于可能需要展示非常多的评论，在这里使用函数式组件是非常好的选择。

要创建一个函数式组件，需要在组件定义对象中添加 functional: true 选项：

```
export default {
  functional: true,
  render (h, { props, children }) {
    return h(`h${props.level}`, children)
  },
}
```

函数式组件是无状态的，而且不能使用 this，因此 render 函数获得了一个新的 context 上下文参数，包含 prop、事件监听器、子内容、插槽及一些其他数据。完整信息请参考官方文档（https://cn.vuejs.org/v2/guide/render-function.html#函数式组件）。

编写函数式组件时，声明 prop 不是必需的。虽然你可以从 prop 中获得一切，但它们同样也会被传递给 context.data。

你还可以使用模板的 functional 属性代替 functional: true 选项：

```
<template functional>
  <div class="my-component">{{ props.message }}</div>
</template>
```

(1) 在 PostContent.vue 旁边新建 Comment.vue 组件：

```
<script>
import { date } from '../../filters'
```

```
export default {
  functional: true,

  render (h, { props }) {
    const { comment } = props
    return <div class="comment">
      <img class="avatar" src=
      {comment.author.profile.photos[0].value} /&gt;
      <div class="message">
        <div class="info">
        <span class="name">{comment.author.profile.displayName}
        </span>
          <span class="date">{date(comment.date)}</span>
        </div>
        <div class="content">{comment.content}</div>
      </div>
    </div>
  },
}
</script>
```

(2) 回到 `PostContent` 组件。我们在面板中间添加评论列表，在面板底部添加评论表单：

```
<div class="comments">
  <Comment
    v-for="(comment, index) of details.comments"
    :key="index"
    :comment="comment" />
</div>
<div class="actions">
  <!-- ... -->
  <input
    v-model="commentContent"
    placeholder="Type a comment"
    @keyup.enter="submitComment" />
  <button
    type="button"
    class="icon-button"
    @click="submitComment"
    :disabled="!commentFormValid">
    <i class="material-icons">send</i>
  </button>
</div>
```

(3) 引入 `Comment` 组件，添加 `commentContent` 数据属性、`commentFormValid` 计算属性，以及 `sendComment` action 和 `submitComment` 方法：

```
import Comment from './Comment.vue'

export default {
  components: {
    Comment,
  },
```

```
  data() {
    return {
      commentContent: '',
    }
  },
  computed: {
    ...postsGetters({
      details: 'selectedPostDetails',
    }),
    commentFormValid() {
      return this.commentContent
    },
  },
  methods: {
    ...postsActions([
      'sendComment',
      'unselectPost',
    ]),
    async submitComment () {
      if (this.commentFormValid) {
        this.sendComment({
          post: this.details,
          comment: {
            content: this.commentContent,
          },
        })
          this.commentContent = ''
      }
    },
  },
}
```

现在可以对选中的博客添加评论了。

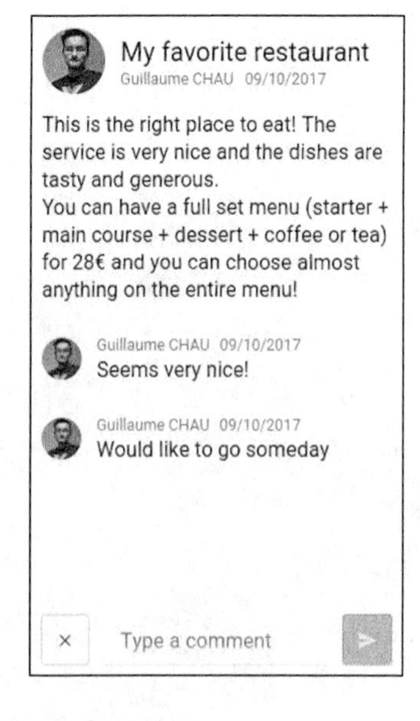
My favorite restaurant
Guillaume CHAU 09/10/2017
This is the right place to eat! The service is very nice and the dishes are tasty and generous.
You can have a full set menu (starter + main course + dessert + coffee or tea) for 28€ and you can choose almost anything on the entire menu!
Guillaume CHAU 09/10/2017
Seems very nice!
Guillaume CHAU 09/10/2017
Would like to go someday
Type a comment

6.4 小结

本章介绍了使用官方 Vuex 库做状态管理这个非常重要的理念。它将有助于我们搭建更复杂的应用，同时大幅提高应用的可维护性。我们使用 Google OAuth API 来认证用户，嵌入 Google 地图，最后实现了一个完整的博客地图应用。所有这些都离不开 Vuex，它让我们的组件更简洁，代码更易于扩展。

另外，如果你想扩展这个应用，可以参考以下思路：

- 在博客标记上展示点赞的数量；
- 允许用户编辑或删除评论；
- 使用 web-socket 实现实时更新。

下一章，我们将学习更多与服务端渲染、国际化、测试和部署相关的内容。

第 7 章

项目 5：在线商店以及扩展

本章，我们将快速创建一个 Fashion Store 应用，聚焦于如下更高级的主题：

- 提高 CSS 代码与 PostCSS 和 `autoprefixer` 的兼容性；
- 使用 ESLint 来检查代码，提升代码质量和风格；
- Vue 组件单元测试；
- 对应用进行本地化，以及利用 Webpack 的代码拆分（code splitting）功能；
- 在 Node.js 中使用服务端渲染；
- 为生产环境构建应用。

这是一个简单的在线服装商店应用，如下图所示。

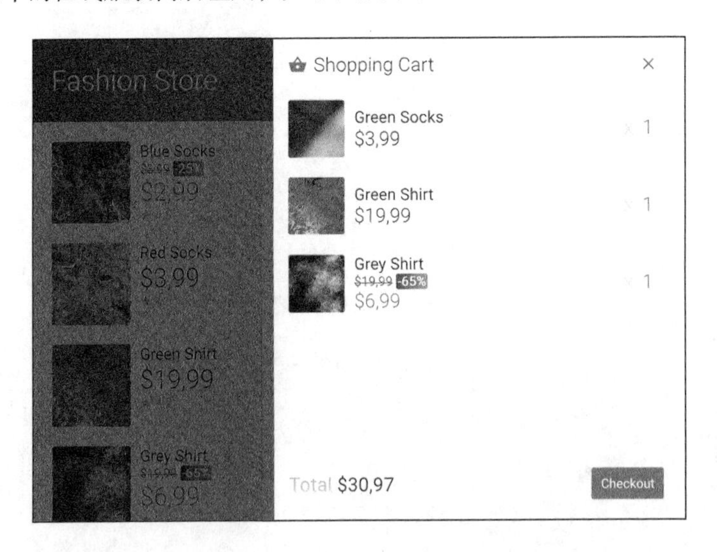

7.1 高级开发流程

本节将使用新的工具和包来改进开发流程。不过在此之前需要先设置 Fashion Store 项目。

7.1.1 项目设置

(1) 参考第 5 章和第 6 章，使用 `vue init` 命令创建新项目：

```
vue init webpack-simple e-shop
cd e-shop
npm install
npm install -S babel-polyfill
```

(2) 安装 Stylus：

```
npm i -D stylus stylus-loader
```

(3) 移除 src 文件夹中的内容，然后下载源代码文件（文件夹名为 chapter7-download/src）并解压到 src 文件夹。里面已经包含了应用所需的所有源代码，可以帮我们节省时间。

(4) 安装其他几个依赖包：

```
npm i -S axios vue-router vuex vuex-router-sync
```

Axios 是 Vue.js 团队推荐的一个优秀的库，用于向服务器发送请求。

1. 生成快速开发 API

前面已经创建好了一个完整的 Node 后端服务器，但这里我们并不关注应用的功能。因此，使用 `json-server` 包来为本章内容创建一个非常简单的本地 API。

(1) 安装 `json-server` 作为开发依赖：

```
npm i -D json-server
```

(2) 运行这个包的时候，会在本地暴露一个简单的 REST API 并使用 db.json 文件来保存数据。可将 db.json 文件下载（参见源代码文件中的 chapter7-download 文件夹）并保存到项目的根目录。打开这个文件，会看到一些商品信息和评论。

(3) 然后，需要添加一个脚本以启动 JSON 服务器。添加一个新的 `db` 脚本到 package.json 文件：

```
"db": "json-server --watch db.json"
```

上面的命令会运行 `json-server` 包命令行工具，并侦听刚刚下载的 db.json 文件内容的变化，这样就能轻松地编辑了。可以通过 `npm run` 命令来尝试一下：

```
npm run db
```

默认监听 3000 这个端口，在浏览器中打开 REST 地址 http://localhost:3000/items 就可以访问了。

localhost:3000/items

JSON　Données brutes　En-têtes

Enregistrer　Copier


```
0:
    id:             1
    title:          "Blue Socks"
    price:          2.99
    originalPrice:  3.99
    rating:         4.3
    img:            "http://lorempixel.com/400/400/abstract/1/"
1:
    id:             2
    title:          "Green Socks"
    price:          3.99
    rating:         3.9
    img:            "http://lorempixel.com/400/400/abstract/2/"
```


2. 启动应用

现在可以启动应用了。和之前一样，打开一个新的终端，运行 `npm run` 命令：

```
npm run dev
```

该命令会用正确的地址打开一个新的浏览器窗口。这个应用已经可以使用了。

7.1.2 使用 PostCSS 为 CSS 自动添加前缀

编写 CSS（或 Stylus）代码时，我们希望能兼容大部分浏览器。幸运的是，有工具可以自动为我们做到这一切。例如，添加浏览器引擎前缀（vendor-prefixed）版本的 CSS 属性（如 `-webkit-user-select` 和 `-moz-user-select`）就是其中之一。

PostCSS 是一个专门用于 CSS 后处理的库。它拥有一个非常模块化的架构，通过添加插件来使用各种方式处理 CSS。

PostCSS 无须额外安装，`vue-loader` 已经包含了它，我们只需要按需安装插件即可。在本例中，需要用到 `autoprefixer` 这个包来使 CSS 代码兼容更多浏览器。

(1) 安装 `autoprefixer` 包：

```
npm i -D autoprefixer
```

(2) 为了激活 PostCSS，需要在项目根目录中添加一个名为 postcss.config.js 的配置文件。通过下面的代码告诉 PostCSS，我们要在这个文件中使用 `autoprefixer`：

```
module.exports = {
  plugins: [
    require('autoprefixer'),
  ],
}
```

完成！这样 `autoprefixer` 就会处理我们的代码了。举个例子，请看下面这段 Stylus 代码：

```
.store-cart-item
  user-select none
```

处理之后，最终的 CSS 如下所示：

```
.store-item[data-v-1af8c5dc] {
  -webkit-user-select: none;
  -moz-user-select: none;
  -ms-user-select: none;
  user-select: none;
}
```

通过 `browserslist` 指定浏览器

我们可以通过配置 `browserslist` 来指定 `autoprefixer` 的目标浏览器。它包含一系列规则来确定支持哪些浏览器。打开 package.json 文件，查看 `browserslist` 字段。里面应该有 `webpack-simple` 模板的默认值，如下所示：

```
"> 1%",
"last 2 versions",
"not ie <= 8"
```

第一条规则指定了互联网上使用份额超过 1%的浏览器，第二条规则额外选定每个浏览器的最后两个版本，最后一条规则声明不支持 Internet Explorer 8 及更早的版本。

规则中用到的数据来自 https://caniuse.com/，这是一个专门提供浏览器兼容性数据的网站。

现在可以通过自定义这个字段来指定更老版本的浏览器。例如，要指定 Firefox 20 及之后的版本，只需要添加下面这条规则即可：

```
"Firefox >= 20"
```

更多关于 browserslist 的信息可以从它的代码仓库（https://github.com/ai/browserslist）中看到。

7.1.3　通过 ESLint 提升代码质量和风格

与其他开发者在同一项目进行团队协作的时候，良好的编码习惯和代码质量是非常重要的。这样不仅能避免语法错误和低级错误（例如忘记声明变量），还有助于保持源代码的整洁性和一致性。确保代码质量的这个过程称为**代码检查**（lint）。

ESLint 是 Vue.js 团队推荐的 lint 工具之一。它提供了一系列可以开启和关闭的 lint 规则，用于检查代码质量。还可以通过添加插件来添加更多规则，有些包则定义了一些预设规则。

(1) 我们将使用 StandardJS 预设规则以及 eslint-plugin-vue 包，这添加了更多规则，有助于遵循 Vue 官方风格指南（https://cn.vuejs.org/v2/style-guide/index.html）：

```
npm i -D eslint eslint-config-standard eslint-plugin-vue@beta
```

(2) 安装 eslint-config-standard 的 4 个平级依赖（peer dependency）：

```
npm i -D eslint-plugin-import eslint-plugin-node eslint-plugin-
 promise eslint-plugin-standard
```

(3) 为了使 ESLint 解析文件时支持使用 Babel 的 JavaScript 代码，需要安装一个额外的包：

```
npm i -D babel-eslint
```

1. 配置 ESLint

在项目的根目录中创建一个.eslintrc.js 文件并写入以下配置：

```
module.exports = {
  // 仅使用本配置
  root: true,
  // 文件解析器
  parser: 'vue-eslint-parser',
```

```
  parserOptions: {
    // 对 JavaScript 使用 babel-eslint
    'parser': 'babel-eslint',
    'ecmaVersion': 2017,
    // 使用 import/export 语法
    'sourceType': 'module'
  },
  // 全局环境对象
  env: {
    browser: true,
    es6: true,
  },
  extends: [
    //
https://github.com/feross/standard/blob/master/RULES.md#javascript-standard
-style
    'standard',
    // https://github.com/vuejs/eslint-plugin-vue#bulb-rules
    'plugin:vue/recommended',
  ],
}
```

首先，使用 `vue-eslint-parser` 读取文件（包含.vue 文件）。它在解析 JavaScript 代码时使用 `babel-eslint`。我们还指定了 JavaScript 的 EcmaScript 版本，并使用 `import/export` 语法来引入模块。

然后，告诉 ESLint 期望在支持 ES6（或 ES2015）的浏览器环境中运行。这意味着我们应该能访问全局变量，如 `window` 或 Promise 对象，并且 ESLint 不会引发未定义变量错误。

此外，我们还指定了想要使用的配置（或预设）：`standard` 和 `vue/recommended`。

- **自定义规则**

我们可以通过 `rules` 对象指定启用哪些规则并修改规则选项。将下面的代码添加到 ESLint 配置中：

```
rules: {
  // https://github.com/babel/babel-eslint/issues/517
  'no-use-before-define': 'off',
  'comma-dangle': ['error', 'always-multiline'],
},
```

第一行禁用了 `no-use-before-define` 规则，这个规则在使用...展开运算符时有一个 bug。第二行修改了 `commad-dangle` 规则，强制在所有数组和对象的代码行结尾处添加逗号（，）。

所有规则都有一个状态，其值可以是 `off`（或 0）、`warn`（或 1）和 `error`（或 2）中的一个。

2. 运行 ESLint

在 src 文件夹中运行 ESLint 时，需要在 package.json 中添加一个新的脚本：

```
"eslint": "eslint --ext .js,.jsx,.vue src"
```

在控制台会看到如下所示的错误。

```
✖ 3 problems (3 errors, 0 warnings)
  2 errors, 0 warnings potentially fixable with the `--fix` option.
```

一些问题可以通过在前面的 `eslint` 命令中加入 `--fix` 参数自动修复：

```
"eslint": "eslint --ext .js,.jsx,.vue src --fix"
```

再次运行，可以看到只剩下一个错误了。

```
/src/main.js
  20:3  error  Do not use 'new' for side effects  no-new

✖ 1 problem (1 error, 0 warnings)
```

ESLint 提示应该在创建新对象时将其引用保存到一个变量中。再看一下对应的代码，会发现我们确实在 main.js 文件中创建了一个新的 Vue 实例：

```
new Vue({
  el: '#app',
  router,
  store,
  ...App,
})
```

查看 ESLint 错误提示，能看到规则的代码：`no-new`。打开 https://eslint.org/，在搜索框输入这条规则就能得到规则的定义。如果这是一条由插件添加的规则，就会带上插件名和斜杠，例如 `vue/required-v-for-key`。

这段代码是刻意这么写的，因为这是声明 Vue 应用的标准方式。因此，需要为这段代码禁用这条规则，在代码前面加上一条特殊的注释即可：

```
// eslint-disable-next-line no-new
new Vue({
  ...
})
```

3. 在 Webpack 中使用 ESLint

现在，我们需要通过手动运行 ESLint 脚本来检查代码。如果可以通过 Webpack 来执行代码检查就更好了，这样检查操作将会完全自动化。幸运的是，eslint-loader 使其变成了可能。

(1) 将 eslint-loader 和 friendly-errors-webpack-plugin 包一起安装到开发依赖中，后者能优化控制台消息：

```
npm i -D eslint-loader friendly-errors-webpack-plugin
```

现在需要修改 Webpack 配置文件，添加一条新的 ESLint 加载器规则。

(2) 编辑 webpack.config.js 文件，在 module.rules 选项顶部添加新的规则：

```
module: {
  rules: [
    {
      test: /\.(jsx?|vue)$/,
      loader: 'eslint-loader',
      enforce: 'pre',
    },
    // ...
```

(3) 此外，可以启用 friendly-errors-webpack-plugin 包。在配置文件最顶部将其导入：

```
const FriendlyErrors = require('friendly-errors-webpack-plugin')
```

这里不能使用 import/export 语法，因为它会在 Node.js 中执行。

(4) 然后，通过在配置文件最底部添加 else 条件判断，在开发模式中添加这个插件：

```
} else {
  module.exports.plugins = (module.exports.plugins ||
  []).concat([
    new FriendlyErrors(),
  ])
}
```

重新运行 dev 脚本，重启 Webpack，并在代码的某个地方去掉一个逗号。应该可以在 Webpack 输出中看到 ESLint 错误信息。

```
 ERROR  Failed to compile with 1 errors

 error  in ./src/main.js

/Users/guillaumechau/Documents/Projets/packt-vue-project-guide/chapter7-full/src/main.js
  25:11  error  Missing trailing comma  comma-dangle

✖ 1 problem (1 error, 0 warnings)
  1 error, 0 warnings potentially fixable with the `--fix` option.
```

你将在浏览器中看到叠加的错误信息。

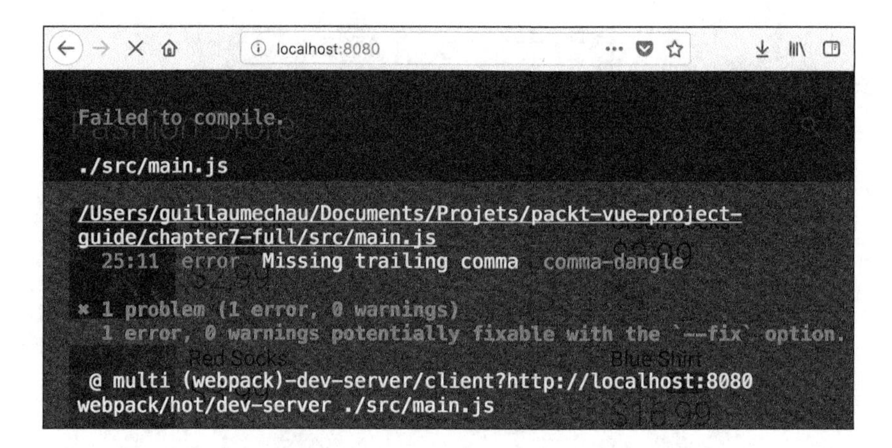

如果将逗号重新添加回去，叠加的错误信息会消失，控制台也会显示一条友好的信息。

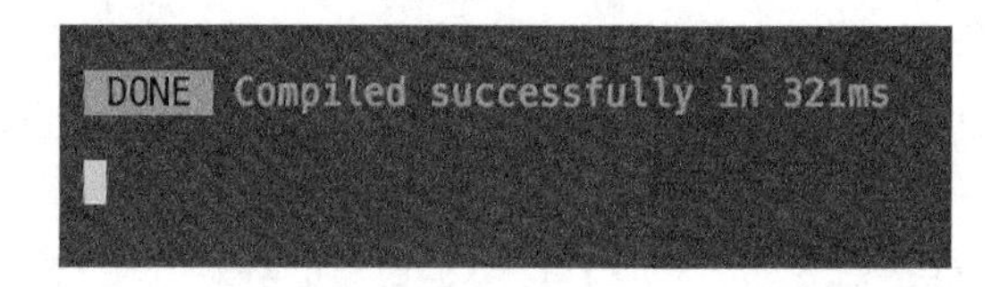

7.1.4　Jest 单元测试

我们需要对重要的代码和组件进行单元测试，以保证它们能按照预期的设计工作，并在代码进化的过程中阻止大部分退化。针对 Vue 组件，首选的测试工具是 Facebook 的 Jest。它带有一个缓存系统，运行速度快，而且有一个很好用的快照功能，可以帮助我们检测退化乃至更多问题。

(1) 首先，安装 Jest 以及官方的 Vue 单元测试工具：

```
npm i -D jest vue-test-utils
```

(2) 还需要安装一些与 Vue 相关的实用工具，以便使用 `jest-vue` 来编译.vue 文件，并创建组件快照：

```
npm i -D vue-jest jest-serializer-vue vue-server-renderer
```

要在 Node 中获取组件的 HTML 渲染，推荐方式是使用 `vue-server-renderer` 包进行服务器渲染。这一点将在本章稍后讲到。

(3) 最后，需要安装一些 Babel 包来支持 Babel 编译，并在 Jest 内动态导入 Webpack。

```
npm i -D babel-jest babel-plugin-dynamic-import-node
```

1. 配置 Jest

在项目根目录中创建一个新的 jest.config.js 文件来配置 Jest：

```
module.exports = {
  transform: {
    '.+\\.jsx?$': '<rootDir>/node_modules/babel-jest',
    '.+\\.vue$': '<rootDir>/node_modules/vue-jest',
  },
  snapshotSerializers: [
    '<rootDir>/node_modules/jest-serializer-vue',
  ],
  mapCoverage: true,
}
```

transform 选项定义了 JavaScript 文件和 Vue 文件的处理器。然后，需要告诉 Jest 使用 jest-serializer-vue 序列化组件快照。此外，我们还将通过 mapCoverage 选项启用源代码映射。

更多的配置选项可以在 Jest 网站（https://facebook.github.io/jest/）上查看。

- **为 Jest 配置 Babel**

为了支持 JavaScript import/export 模块以及 Jest 中的动态导入，需要在运行测试任务时修改 Babel 配置。

使用 Jest 时，我们不会使用 Webpack 以及用于构建真实应用的加载器。

当 NODE_ENV 环境变量设置为 test 时，需要在配置文件中添加两个 Babel 插件：

```
{
  "presets": [
    ["env", { "modules": false }],
    "stage-3"
  ],
  "env": {
    "test": {
      "plugins": [
        "transform-es2015-modules-commonjs",
        "dynamic-import-node"
      ]
    }
  }
}
```

transform-es2015-modules-commonjs 插件使 Jest 支持 import/export 语法，dynamic-import-node 则使其支持动态导入。

运行时，Jest 会自动将 NODE_ENV 环境变量设置为 test。

2. 第一个单元测试

为了使所有地方都默认支持 Jest，需要调用测试文件.test.js 或者.spec.js。我们将测试 BaseButton.vue 组件。在 src/components 文件夹中创建一个新的 BaseButton.spec.js 文件。

(1) 首先，从 vue-test-utils 中导入组件以及 shallow 方法：

```
import BaseButton from './BaseButton.vue'
import { shallow } from 'vue-test-utils'
```

(2) 然后，通过 describe 函数创建测试套件：

```
describe('BaseButton', () => {
  // 测试
})
```

(3) 在测试套件内，通过 test 函数添加第一个单元测试：

```
describe('BaseButton', () => {
  test('click event', () => {
    // 测试代码
  })
})
```

(4) 我们要测试点击这个组件时是否会触发 click 事件。需要在组件外创建一个包装对象，它将提供用于测试这个组件的函数：

```
const wrapper = shallow(BaseButton)
```

(5) 接着，模拟对组件的点击：

```
wrapper.trigger('click')
```

(6) 最后，使用 Jest 的 expect 方法检测是否触发了 click 事件：

```
expect(wrapper.emitted().click).toBeTruthy()
```

(7) 现在，在 package.json 文件中添加一个用于运行 Jest 的脚本：

```
"jest": "jest"
```

(8) 然后，像往常一样使用 npm run 命令：

```
npm run jest
```

测试任务启动了，并且会显示如下输出。

```
PASS  src/components/BaseButton.spec.js
  BaseButton
    ✓ click event (13ms)

Test Suites: 1 passed, 1 total
Tests:       1 passed, 1 total
Snapshots:   0 total
Time:        1.809s
Ran all test suites.
```

想要学习更多关于 Vue 组件单元测试的内容，可以访问官方指南：https://vue-test-utils.vuejs.org/zh/。

3. ESLint 和 Jest 全局变量

如果现在运行 ESLint，我们将会看到与 `describe`、`test` 和 `expect` 等 Jest 关键字相关的错误提示。

```
4:1  error  'describe' is not defined            no-undef
5:3  error  'test' is not defined                no-undef
```

我们需要对 ESLint 配置文件做一点小小的改动——指定 `jest` 环境。修改.eslintrc.js 文件：

```
// 全局环境对象
env: {
  browser: true,
  es6: true,
  jest: true,
},
```

现在，ESLint 能识别 Jest 关键字，不会再出现错误提示了。

4. Jest 快照

Jest 快照是在每次运行测试时保存并比较的字符串，可以检测潜在的退化。它们通常用于保存组件的 HTML 渲染，也可以用来保存其他任意值，前提是在测试过程中存储和比较这个值是有意义的。

对于 Vue 组件，我们将通过名为 `vue-server-renderer` 的服务端渲染工具保存 HTML 渲染快照。我们将会用到这个包中的 `createRenderer` 方法：

```
import { createRenderer } from 'vue-server-renderer'
```

在测试启动时，将会实例化一个渲染器实例，然后通过 `shallow` 函数包装组件并开始将其渲染到一个字符串中。最后，将结果与之前渲染的结果进行比较。下面是一个对 `BaseButton` 组件进行快照测试的例子，传入了一些 prop 值以及默认插槽内容：

```
test('snapshot', () => {
  const renderer = createRenderer()
```

7

```
  const wrapper = shallow(BaseButton, {
    // prop 值
    propsData: {
      icon: 'add',
      disabled: true,
      badge: '3',
    },
    // 插槽内容
    slots: {
      default: '<span>Add Item</span>',
    },
  })
  renderer.renderToString(wrapper.vm, (err, str) => {
    if (err) throw new Error(err)
    expect(str).toMatchSnapshot()
  })
})
```

如果是第一次运行快照测试，它会创建快照并将其保存到旁边一个名为__snapshots__的文件夹中。如果你使用了版本控制系统（如git），则需要将这些快照文件添加进去。

- **更新快照**

一旦修改了一个组件，其HTML渲染也可能会改变。这意味着它的快照将会失效，Jest测试也会失败。幸运的是，`jest`命令有一个`--updateSnapshots`参数。当使用这个参数时，所有失效的快照都会被重新保存，测试也会通过。

(1) 在package.json文件中加入一个新的脚本：

```
"jest:update": "jest --updateSnapshot"
```

(2) 举个例子，通过改变一个CSS类来修改`BaseButton`组件。如果再次运行Jest测试，会显示一个错误，提示快照不再匹配。

```
FAIL  src/components/BaseButton.spec.js
 BaseButton
   ✓ click event (21ms)
   ✓ icon prop (14ms)
   ✕ snapshot (20ms)

 ● BaseButton › snapshot

   expect(value).toMatchSnapshot()

   Received value does not match stored snapshot 1.
```

(3) 现在，通过新的脚本更新快照：

```
npm run jest:update
```

这一次，所有测试都将通过，BaseButton 的快照也会更新。

```
PASS src/components/BaseButton.spec.js
  BaseButton
    ✓ click event (14ms)
    ✓ icon prop (10ms)
    ✓ snapshot (13ms)

 › 1 snapshot updated.
Snapshot Summary
 › 1 snapshot updated in 1 test suite.
```

你应该只在确认没有其他退化时运行该命令。最好是像之前一样正常运行测试，确保只有修改过的组件按预想那样保存快照失效。更新快照后，再使用普通的测试命令。

7.2 补充话题

本节将额外讨论几个适用于更大型应用的主题。

7.2.1 国际化和代码拆分

如果应用面向不同国家的用户，就需要进行翻译，使其更加人性化、更有吸引力。对应用的文本进行本地化时，推荐使用 vue-i18n 包：

```
npm -i -S vue-i18n
```

使用 vue-i18n 时，我们将在应用的 AppFooter 组件中添加一个链接，前往供用户选择语言的新页面。只翻译这个链接和新页面即可，但是如果你愿意，也可以对应用的其他部分进行翻译。vue-i18n 的工作原理是，创建一个带有翻译后消息的 i18n 对象并将其注入 Vue 应用中。

(1) 在 src/plugins.js 文件中，将新插件安装到 Vue 中：

```
import VueI18n from 'vue-i18n'

// ...

Vue.use(VueI18n)
```

(2) 在项目目录中新建一个名为 i18n 的文件夹。下载包含翻译文件的 locales 文件夹（位于 chapter7-download 文件夹中）并放在其中。例如，i18n/locales/en.js 文件中包含有英文翻译。

(3) 新建一个 index.js 文件，里面导出了应用支持的语言列表：

```
export default [
  'en',
  'fr',
```

```
  'es',
  'de',
]
```

我们需要用到如下两个新的工具函数。

- createI18n：用于创建 i18n 对象，带有一个 locale 参数。
- getAutoLang：返回用户在浏览器中设置的两个字符长的语言代码，比如 en 或者 fr。大多数情况下，这和操作系统的语言设置一致。

(4) 在 src/utils 文件夹中，新建一个 i18n.js 文件，并在里面导入 VueI18n 和前面定义的语言列表：

```
import VueI18n from 'vue-i18n'
import langs from '../../i18n'
```

(5) 在编写本书时，还需要 babel-preset-stage-2（或更低），以便 Babel 能解析动态导入。在 package.js 文件中，修改 babel-preset-stage-3 包：

```
"babel-preset-stage-2": "^6.24.1",
```

(6) 运行 npm install 更新包。
(7) 编辑根目录下的.babelrc 文件，将 stage-3 改成 stage-2。
(8) 为了能切换到 stage-2，需要进行下面的安装：

```
npm install --save-dev babel-preset-stage-2
```

1. 动态导入的代码拆分

创建 i18n 对象时，我们希望只载入 locale 参数指定的翻译语言。为此，需要通过 import 函数对文件进行动态导入。它需要将路径作为接收参数并返回一个 Promise，这个 Promise 会在从服务器加载完毕后最终确定对应的 JavaScript 模块。

在 Webpack 中，动态导入功能有时候被称为“代码拆分”，因为 Webpack 会将异步模块移到另一个经过编译的 JavaScript 文件中，该文件称为块（chunk）。

下面是一个通过动态导入加载异步模块的例子：

```
async function loadAsyncModule () {
  await module = await import('./path/to/module')
  console.log('default export', module.default)
  console.log('named export', module.myExportedFunction)
}
```

你可以使用被导入路径下的变量，前提是里面包含一些会告诉 Webpack 从哪里能找到这些文件的信息。举个例子，下面的代码无法正常运行：

```
import(myModulePath)
```

但是，下面这段代码可以正常运行，前提是变量路径不包含../：

```
import('./data/${myFileName}.json\')
```

本例中，data文件夹中所有带json扩展名的文件都会被添加到构建的异步块中，因为Webpack无法猜测运行时需要用到哪些文件。

通过动态导入异步加载较大的JavaScript模块可以减少打开页面时发送给浏览器的初始JavaScript代码。在我们的应用中，它只需要加载相关的翻译文件，而不是在初始的JavaScript文件中包含全部翻译文件。

如果已经在主代码（初始块）中使用常规的import导入了一个模块，那么它就被加载了，不会再次被拆分到另一个块中。本例无法享受代码拆分的好处，而且初始的文件大小也不会减小。注意，你可以在动态加载的模块中通过常规的import关键字异步使用其他模块：它们会被放到同一个块中（如果没有包含到初始块中的话）。

i18n对象是由vue-i18n包内的VueI18n构造函数创建的。我们将传入locale参数。

createI18n函数应该是这样的：

```
export async function createI18n (locale) {
  const { default: localeMessages } = await
import(`../../i18n/locales/${locale}`)
  const messages = {
    [locale]: localeMessages,
  }

  const i18n = new VueI18n({
    locale,
    messages,
  })

  return i18n
}
```

如上所示，因为使用了export default导出信息，所以需要先获取模块的default值。

可以使用Promise代替async/await来实现上面的代码：

```
export function createI18n (locale) {
  return import(`../../i18n/locales/${locale}`)
    .then(module => {
      const localeMessages = module.default
      // ...
    })
}
```

2. 自动加载用户区域设置

接下来，我们可以通过 navigator.language（或者兼容 Internet Explorer 的 userLanguage）来获取区域代码。然后，检查区域代码是否在 langs 的语言列表内，如果不在就使用默认的 en。

(1) getAutoLang 函数应该如下所示：

```
export function getAutoLang () {
  let result = window.navigator.userLanguage ||
  window.navigator.language
  if (result) {
    result = result.substr(0, 2)
  }
  if (langs.indexOf(result) === -1) {
    return 'en'
  } else {
    return result
  }
}
```

有些浏览器返回的可能是 en-US 这种格式，但我们只需要取前两个字母。

(2) 在 src/main.js 文件内，导入如下两个新的工具函数：

```
import { createI18n, getAutoLang } from './utils/i18n'
```

(3) 然后，修改 main 函数：

- 通过 getAutoLang 获取首选区域设置；
- 使用 createI18n 函数创建并等待返回 i18n 对象；
- 将 i18n 对象注入 Vue 的根实例中。

修改后的函数如下所示：

```
async function main () {
  const locale = getAutoLang()
  const i18n = await createI18n(locale)
  await store.dispatch('init')

  // eslint-disable-next-line no-new
  new Vue({
   el: '#app',
    router,
    store,
    i18n, // 将 i18n 注入应用
    ...App,
  })
}
```

不要忘了在 `createI18n` 前面加上 `await` 关键字，否则返回的将是 Promise。

现在，可以打开浏览器开发者工具的 Network 面板并刷新页面。Webpack 会在单独的请求中加载与区域设置对应的翻译模块。在下面的截图中，2.build.js 就是这个异步加载的文件。

200	GET	locale	localho...	docu...	html
200	GET	build.js	localho...	script	js
200	GET	2.build.js	localho...	script	js

3. 更改语言页面

到目前为止，应用并没有什么实质变化，接下来添加一个允许用户选择语言的页面。

(1) 在 src/router.js 文件中导入 `PageLocale` 组件：

```
import PageLocale from './components/PageLocale.vue'
```

(2) 接着在 `routes` 数组的最后一个路由（路径为*的那一个）前面加入 `locale` 路由：

```
{ path: '/locale', name: 'locale', component: PageLocale },
```

(3) 在 `AppFooter.vue` 组件中，将这个路由链接加入模板：

```
<div v-if="$route.name !== 'locale'">
  <router-link :to="{ name: 'locale' }">{{ $t('change-lang') }}
  </router-link>
</div>
```

从上面的代码可以看出，我们使用了 `vue-i18n` 组件提供的 `$t` 来显示翻译后的文本。参数则对应区域设置文件中的键。现在应该可以在应用的页脚中看到这个链接了。

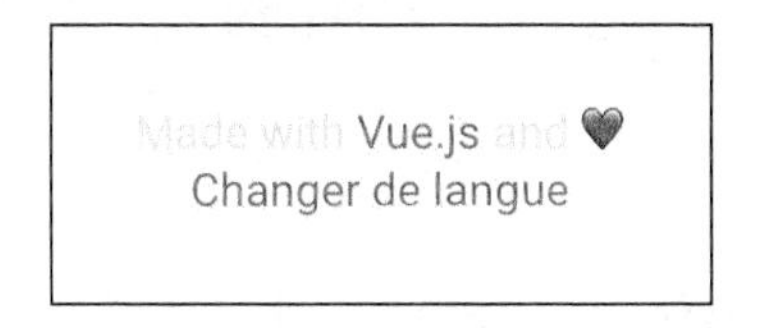

这个链接会带我们前往语言选择页面，而该页面已经由 `vue-i18n` 完全翻译好了。

7

可以在 components/PageLocale.vue 文件中查看它的源代码。

当点击某个区域设置按钮时，就会加载对应的翻译（如果尚未加载的话）。在浏览器开发者工具的 Network 面板，每次都会看到其他块的请求。

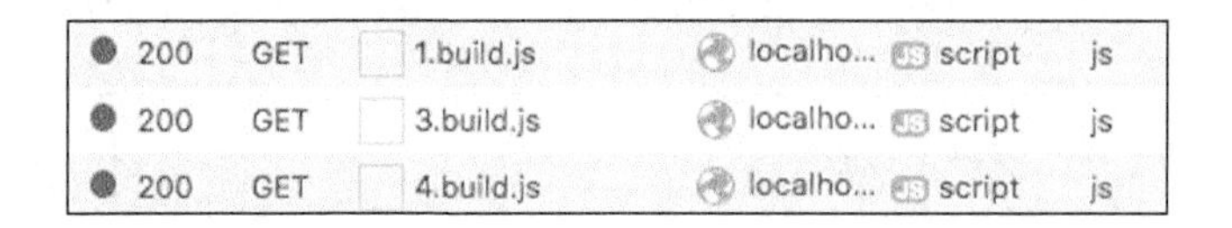

7.2.2 服务端渲染

服务端渲染（server-side rendering，SSR）是指在发送应用的 HTML 到浏览器之前，先在服务器上运行和渲染应用。这样做主要有两大好处。

- 更好的**搜索引擎优化**（search engine optimization，SEO），因为应用的初始内容会在页面的 HTML 中进行渲染。这一点很重要，因为没有搜索引擎会索引一个异步 JavaScript 应用（例如，当有一个下拉框时）。
- 在网络或设备比较慢的情况下能更快地显示内容，因为渲染后的 HTML 不需要通过 JavaScript 显示给用户。

但是，使用 SSR 也有一些缺点。

- 代码必须可以在服务器上运行（除非是在仅客户端使用的钩子里，如 `mounted`）。同时，有些库对浏览器的兼容性可能不是特别好，需要进行特殊处理。
- 由于服务器将完成更多的工作，其负荷将加大。
- 开发环境设置更为复杂。

因此，使用 SSR 并不总是个好主意，尤其是在第一次显示内容的时间不是很重要的情况下（如管理员控制面板）。

1. 通用应用的结构

为了编写在客户端和服务端都能运行的通用应用（universal app），需要调整源代码的架构。

当应用在客户端运行时，页面每次加载都处于一个全新的上下文中。这就是我们到目前为止对根实例、路由器和 store 都使用单例实例的原因。现在需要在服务器上也拥有一个全新的上下文，但问题是 Node.js 是有状态的。解决方案就是在服务器处理每个请求时都创建全新的根实例、路由器和 store。

(1) 先从路由器开始。在 src/router.js 文件中，将创建路由器的方法包装到一个新导出的 `createRounter` 函数中：

```
export function createRouter () {
  const router = new VueRouter({
    routes,
    mode: 'history',
    scrollBehavior (to, from, savedPosition) {
      // ...
    },
  })

  return router
}
```

(2) 对 Vuex store 做相同的处理。在 scr/store/index.js 文件中，将代码包装到一个新导出的 `createStore` 函数中：

```
export function createStore () {
  const store = new Vuex.Store({
    strict: process.env.NODE_ENV !== 'production',

    // ...

    modules: {
      cart,
      item,
      items,
      ui,
    },
  })

  return store
}
```

(3) 同时，将 src/main.js 重命名为 src/app.js。这将是我们创建路由器、store 和 Vue 根实例的通用文件。将 `main` 函数改成一个导出的 `createApp` 函数，它会接收一个 `context` 参数并返回应用、路由器和 store：

```
export async function createApp (context) {
  const router = createRouter()
  const store = createStore()

  sync(store, router)

  const i18n = await createI18n(context.locale)
  await store.dispatch('init')

  const app = new Vue({
    router,
    store,
    i18n,
    ...App,
  })
```

7

```
    return {
      app,
      router,
      store,
    }
}
```

不要忘了修改 createRouter 和 createStore 的导入。

在服务端，我们不能像在客户端那样选择初始的区域设置，因为服务器无法访问 window.navigator。这就是需要将区域设置传入 context 中的原因。

```
const i18n = await createI18n(context.locale)
```

我们还从根实例定义中移除了 el 选项，因为它在服务器上没有任何意义。

- **客户端入口**

在浏览器中，代码将从我们接下来要编写的客户端入口文件开始。

(1) 新建一个 src/entry-client.js 文件，作为客户端 bundle 的入口点。它将获取用户语言，调用 createApp 函数，然后将应用挂载到页面：

```
import { createApp } from './app'
import { getAutoLang } from './utils/i18n'

const locale = getAutoLang()
createApp({
  locale,
}).then(({ app }) => {
  app.$mount('#app')
})
```

(2) 现在可以修改 webpack.config.js 文件中的入口路径了：

```
entry: './src/entry-client.js',
```

可以重新启动 dev 脚本，检查应用是否还能在浏览器中正常运行。

- **服务器入口**

新建一个 src/entry-server.js 文件作为服务器 bundle 的入口。它会导出一个函数，而该函数将从稍后构建的 HTTP 服务器接收一个 context 对象。在一切准备就绪之后，它会返回一个 Promise 并通过 Vue 应用进行解析。

如下所示，向 context 对象传入一个 url 属性，这样就能设置当前路由了：

```
router.push(context.url)
```

和客户端入口类似，使用 `createApp` 函数创建根应用实例、路由器和 store。entry-server.js 应该类似下面这样：

```
import { createApp } from './app'

export default context => {
  return new Promise(async (resolve, reject) => {
    const { app, router, store } = await createApp(context)
    // 设置当前路由
    router.push(context.url)
    // TODO 获取与预加载数据匹配的组件
    // TODO resolve(app)
  })
}
```

这里返回一个 Promise 是因为我们会在完成所有操作后向应用传入 `app`。

`app` 根实例将会通过 `resolve(app)` 发回给一个称为渲染器的东西（有点类似于我们在 Jest 快照中用到的）。首先，我们要处理 Vuex store 预加载。

2. 状态管理

在处理请求时，需要在渲染应用之前从相关的组件中获取数据，这样才能在浏览器加载 HTML 时显示数据。例如，`PageHome.vue` 会获取商品条目，而 `PageStoreItem.vue` 则会检索商品信息和评论。

我们将添加一个新的 `asyncData` 自定义选项到这两个组件中，这样在进行 SSR 时就能在服务器中调用它。

(1) 编辑 `PageHome.vue` 组件，加入下面这个函数。该函数会分发 `item` store 模块的 `fetchItems` action：

```
asyncData ({ store }) {
  return store.dispatch('items/fetchItems')
},
```

(2) 在 `PageStoreItem.vue` 组件中，需要通过服务器发送的路由 `id` 参数调用 `item` store 模块的 `fetchStoreItemDetails` action：

```
asyncData ({ store, route }) {
  return store.dispatch('item/fetchStoreItemDetails', {
    id: route.params.id,
  })
},
```

(3) 组件已经准备好了，回到 entry-server.js。可以通过 `router.getMatchedComponents()`

方法获取与当前路由匹配的组件列表：

```
export default context => {
  return new Promise(async (resolve, reject) => {
    const { app, router, store } = await createApp(context)
    router.push(context.url)
    // 等待组件解决方案
    router.onReady(() => {
      const matchedComponents = router.getMatchedComponents()
      // TODO 预加载数据
      // TODO resolve(app)
    }, reject)
  })
}
```

(4) 然后，我们可以调用这些组件的所有 `asyncData` 选项并等待调用完成。将 store 和当前路由都传递给它们，待完成之后，通过 `context.state = store.state` 将 Vuex store 的 state 发回给渲染器。使用 `Promise.all(array)`等待所有的 `asyncData` 调用：

```
router.onReady(() => {
  const matchedComponents = router.getMatchedComponents()

  Promise.all(matchedComponents.map(Component => {
    if (Component.asyncData) {
      return Component.asyncData({
        store,
        route: router.currentRoute,
      })
    }
  })).then(() => {
    // 发回 store 的 state
    context.state = store.state

    // 将应用发送给渲染器
    resolve(app)
  }).catch(reject)
}, reject)
```

如果发生了错误，它会拒绝返回给渲染器的 Promise。

- **在客户端还原 Vuex state**

store 的 state 会在服务端被 HTML 页面上一个名为`__INITIAL_STATE__`的变量序列化。利用这一点，我们甚至可以在应用挂载前设置 state，以便组件访问。

编辑 entry-client.js 文件，在挂载应用前调用 `store.replaceState` 方法：

```
createApp({
  locale,
}).then(({ app, store }) => {
  if (window.__INITIAL_STATE__) {
```

```
    store.replaceState(window.__INITIAL_STATE__)
  }

  app.$mount('#app')
})
```

现在，store 就会有服务器发送的数据了。

3. Webpack 配置

现在我们已经准备好应用代码了。在继续后面的操作之前，还需要重构 Webpack 配置。

客户端和服务器需要的 Webpack 配置稍有不同。共用一个配置文件，然后为客户端和服务器进行扩展是个不错的想法。webpack-merge 包可以帮助我们轻松地实现这个想法，它会将多个 Webpack 配置合并为一个。

对于服务器配置，我们还需要安装 webpack-node-externals 包以防止 Webpack 将 node_modules 下的包打包进 bundle——我们并不需要这么做，因为应用是在 Node.js 而非浏览器中运行。所有相应的导入都会作为 require 声明被保留，这样 Node 就会自己加载它们。

(1) 在开发依赖中安装包：

```
npm i -D webpack-merge webpack-node-externals
```

(2) 在项目根目录中新建一个 webpack 文件夹，然后移动 webpack.config.js 文件到该文件夹中并重命名为 common.js。需要进行一些修改。

(3) 从配置文件中移除 entry 选项。这会在特定的扩展配置中指定。

(4) 将 output 选项更新为正确的文件夹并生成更合适的块名称：

```
output: {
    path: path.resolve(__dirname, '../dist'),
    publicPath: '/dist/',
    filename: '[name].[chunkhash].js',
},
```

- **客户端配置**

在 webpack/common.js 旁边新建一个 client.js 文件，用来扩展基础配置：

```
const Webpack = require('webpack')
const merge = require('webpack-merge')
const common = require('./common')
const VueSSRClientPlugin = require('vue-server-renderer/client-plugin')

module.exports = merge(common, {
  entry: './src/entry-client',
  plugins: [
    new webpack.optimize.CommonsChunkPlugin({
      name: 'manifest',
```

7

```
        minChunks: Infinity,
      }),
      // 生成客户端构建清单文件
      new VueSSRClientPlugin(),
    ],
  })
```

VueSSRClientPlugin 将会生成一个 vue-ssr-client-manifest.json 文件传给渲染器。这样，它就能知道更多客户端的信息。同时，它还会将脚本标签和关键 CSS 自动注入 HTML 中。

关键 CSS 是服务器渲染的组件样式。这些样式将会直接注入到页面 HTML 中，这样浏览器就不用等待 CSS 加载完成，而是可以更快地渲染组件。

CommonsChunkPlugin 会将 Webpack 运行时代码放入一个块中，这样随后就能马上注入异步块。它还能提升应用和供应商代码的缓存性能。

- **服务器配置**

在 webpack/common.js 旁边新建一个 server.js 文件，用来扩展基础配置：

```
const merge = require('webpack-merge')
const common = require('./common')
const nodeExternals = require('webpack-node-externals')
const VueSSRServerPlugin = require('vue-server-renderer/server-plugin')

module.exports = merge(common, {
  entry: './src/entry-server',
  target: 'node',
  devtool: 'source-map',
  output: {
    libraryTarget: 'commonjs2',
  },
  // 对 node_modules 跳过 Webpack 处理
  externals: nodeExternals({
    // 从 no_modules 中强行引入 CSS 文件
    // 等待 Webpack 处理
    whitelist: /\.css$/,
  }),
  plugins: [
    // 生成服务器 bundle 文件
    new VueSSRServerPlugin(),
  ],
})
```

这里修改了多处设置，如 target 和 output.libraryTarget，以适应 Node.js 环境。

我们使用 webpack-node-externals 包告诉 Webpack 忽略 node_modules 文件夹中的模块（也就是依赖）。由于我们处于 Node.js 环境而非浏览器中，因此无须将所有依赖打包到一个 bundle 中，从而节约了构建时间。

最后，使用 VueSSRServerPlugin 生成渲染器要用到的服务器 bundle 文件。它包含了编译过的服务端代码和大量其他信息，这样渲染器就可以支持源代码映射（将 devtool 设置为 source-map）、热重载、关键 CSS 注入以及与客户端构建清单数据连同的其他注入。

4. 服务端设置

在开发过程中，我们无法在使用 SSR 的情况下直接使用 webpack-dev-server，而是要通过 Webpack 设置 express 服务器。下载 server.dev.js 文件（位于 chapter7-download 文件夹中）并放入项目根目录中。这个文件导出了一个名为 setupDevServer 的函数，用于运行 Webpack 并更新服务器。

我们还需要一些包来设置开发环境：

```
npm i -D memory-fs chokidar webpack-dev-middleware webpack-hot-middleware
```

可以通过 memory-fs 来创建虚拟文件系统，通过 chokidar 来侦听文件，再通过最后两个中间件在 express 服务器中支持 Webpack 模块热替换。

- **页面模板**

在 index.html 旁边新建一个 index.template.html 文件，并复制其内容。然后将其主体内容替换成一个特殊的<!--vue-ssr-outlet-->注释：

```
<!DOCTYPE html>
<html lang="en">
  <head>
    <meta charset="utf-8">
    <title>Fashion Store</title>
  </head>
  <body>
    <!--vue-ssr-outlet-->
  </body>
</html>
```

这个特殊的注释会被服务器中渲染后的标记替换。

5. express 服务器

对于 Node.js，我们将使用 express 包来创建 HTTP 服务器。此外，我们还需要 reify 包以便能在 Node.js 内部使用 import/export 语法（Node.js 原生不支持）。

(1) 安装新的包：

```
npm i -S express reify
```

(2) 下载这个不完整的 server.js 文件（位于 chapter7-download 文件夹中）并将其放入项目根目录。该文件内已经创建了一个 express 服务器并配置了必要的路由。

目前，我们将集中在开发上面。

● **创建并更新渲染器**

为了渲染我们的应用，需要一个由 `vue-server-renderer` 包的 `createBundleRenderer` 函数创建的渲染器。

bundle 渲染器和普通渲染器有很大的差别。前者使用一个服务器 bundle 文件（得益于新的 Webpack 配置，它会自动生成）以及一个可选的客户端构建清单（它能让渲染器知道更多的代码信息）。这样一来，就能拥有更多的特性，如源代码映射和热重载。

在 server.js 文件中，使用下面的代码替换`// TODO development` 注释：

```
const setupDevServer = require('./server.dev')
  readyPromise = setupDevServer({
    server,
    templatePath,
    onUpdate: (bundle, options) => {
      // 重新创建 bundle 渲染器
      renderer = createBundleRenderer(bundle, {
        runInNewContext: false,
        ...options,
      })
    },
})
```

有了 server.dev.js 文件，就能给 express 服务器添加对热重载功能的支持了。我们还指定了 HTML 页面模板的路径，以便在页面改变时重新加载它。

设置好更新触发条件后，我们将创建或重新创建 bundle 渲染器。

● **渲染 Vue 应用**

接下来将实现渲染应用的代码，并将 HTML 结果发回给客户端。

将`// TODO render` 注释替换成下面的代码：

```
const context = {
  url: req.url,
  // 浏览器发送的语言列表
  locale: req.acceptsLanguages(langs) || 'en',
}
renderer.renderToString(context, (err, html) => {
  if (err) {
    // 渲染错误页面或重定向
    res.status(500).send('500 | Internal Server Error')
    console.error(`error during render : ${req.url}`)
    console.error(err.stack)
```

```
  }
  res.send(html)
})
```

多亏了 express 提供的 `req.acceptsLanguages` 方法，我们可以轻松地选择用户的首选语言。

在执行这个请求时，浏览器会发送一个用户"可接受的语言"列表。这个列表通常来自用户的浏览器或操作系统设置。

然后，使用 `renderToString` 方法，调用我们在 entry-server.js 文件中导入的函数，待返回的 Promise 结束后将应用渲染成一个 HTML 字符串。最后，将结果发送给客户端（除非在渲染过程中发生了错误）。

6. 运行 SSR 应用

现在是时候运行应用了。修改 `dev` 脚本，使应用运行 express 服务器而不是 `webpack-dev-server`：

```
"dev": "node server",
```

重启脚本刷新应用。为了确保 SSR 运行正常，需要查看页面源代码。

```
1  <!DOCTYPE html>
2  <html lang="en">
3    <head>
4      <meta charset="utf-8">
5      <title>Fashion Store</title>
6    <link rel="preload" href="/dist/manifest.c69ddec6ab4cedcb56a9.js" as="script"><link
rel="preload" href="/dist/vendor.a6e8017e514f497280bd.js" as="script"><link rel="preload"
href="/dist/main.de91e0e9b3d5804143cd.js" as="script"><link rel="prefetch" href="/dist
/0.21bf7785b82022f8af70.js"><link rel="prefetch" href="/dist
/2.508433d502229d905384.js"><link rel="prefetch" href="/dist
/3.395a70fc7d3563e990b9.js"><link rel="prefetch" href="/dist
/1.470b338ce90ba04e6319.js"><link rel="stylesheet" href="/dist
/common.de91e0e9b3d5804143cd.css"></head>
7    <body>
8      <div id="app" data-server-rendered="true"><header class="app-header" data-
v-40a9da8b><div class="content" data-v-40a9da8b><div class="state" data-v-40a9da8b data-
v-40a9da8b><h1 class="app-name" data-v-40a9da8b><a href="/" class="link router-link-
exact-active router-link-active" data-v-40a9da8b>Fashion Store</a></h1><button
class="base-button icon-button" data-v-76e42c36 data-v-40a9da8b><i class="material-icons
icon" data-v-76e42c36>search</i><span class="content" data-v-76e42c36></span><!---->
```

应用已经被服务器渲染成 HTML 了。

- **非必需请求**

很遗憾，应用出了些问题。服务器在发送页面 HTML 的同时还发送了 Vuex store 数据。这意味着应用在初次运行时就已经获取到了所需的全部数据，不过它还是会请求检索库存商品详情和评价。你可以看到这一点，因为在第一次加载或刷新相应页面时都会显示加载动画。

解决方案是在非必需的情况下阻止组件请求数据。

(1) 在 PageHome.vue 组件中，只请求尚未拥有的数据：

```
mounted () {
  if (!this.items.length) {
    this.fetchItems()
  }
},
```

(2) 在 PageStoreItem.vue 组件中，只在没有对应数据的情况下请求商品详情和评价：

```
fetchData () {
  if (!this.details || this.details.id !== this.id) {
    this.fetchStoreItemDetails({
      id: this.id,
    })
  }
},
```

这样一来，就不会再出现该问题了。

想要继续学习 SSR 的相关知识，可以在 https://ssr.vuejs.org/zh/查看官方文档，或者使用一个名为 Nuxt.js 的框架。Nuxt.js 非常容易上手，能让你摆脱大量抽象的样板文件。

7.2.3　生产环境构建

应用在开发环境下运行得很顺利。假设我们已经完成了开发，想将其部署到真实的服务器上。

1. 额外的配置

为了优化应用的生产环境构建，需要添加一些额外的配置。

- **将样式提取到 CSS 文件**

到目前为止，样式是通过 JavaScript 代码添加到页面的。这在开发过程中很方便，因为能通过 Webpack 进行热重载。但是在生产环境中，建议将样式提取到单独的 CSS 文件里。

(1) 在开发依赖中安装 extract-text-webpack-plugin 包：

```
npm i -D extract-text-webpack-plugin
```

(2) 在 webpack/common.js 配置文件中添加一个新的 isProd 变量：

```
const isProd = process.env.NODE_ENV === 'production'
```

(3) 修改 vue-loader 规则，在生产环境下使用 CSS 提取并忽略 HTML 标签之间的空白：

```
{
  test: /\.vue$/,
  loader: 'vue-loader',
```

```
  options: {
    extractCSS: isProd,
    preserveWhitespace: false,
  },
},
```

(4) 将 `ExtractTextPlugin` 和 `ModuleConcatenationPlugin` 添加到文件底部仅用于生产环境的插件列表：

```
if (isProd) {
  module.exports.devtool = '#source-map'
  module.exports.plugins = (module.exports.plugins ||
  []).concat([
    // ...
    new webpack.optimize.ModuleConcatenationPlugin(),
    new ExtractTextPlugin({
      filename: 'common.[chunkhash].css',
    }),
  ])
} else {
  // ...
}
```

`ExtractTextPlugin` 会将样式提取到 CSS 文件，而 `ModuleConcatenationPlugin` 则会优化编译后的 JavaScript 代码，提升其运行效率。

- **express 服务器生产环境**

我们对代码的最后一处修改是 express 服务器中的 bundle 渲染器创建方法。

将 server.js 文件中的`// TODO production` 注释替换成下面的代码：

```
const template = fs.readFileSync(templatePath, 'utf-8')
const bundle = require('./dist/vue-ssr-server-bundle.json')
const clientManifest = require('./dist/vue-ssr-client-manifest.json')
renderer = createBundleRenderer(bundle, {
  runInNewContext: false,
  template,
  clientManifest,
})
```

以上代码将读取 HTML 页面模板、服务器 bundle 以及客户端构建清单，然后创建一个新的 bundle 渲染器，因为在生产环境下没有热重载。

2. 新的 npm 脚本

编译后的代码将会输出到项目根目录下的 dist 文件夹。在每次构建之间都需要先移除该文件夹以保持干净的状态。为了在跨平台环境下完成这项工作，我们将使用 `rimraf` 包，它会递归地删除文件和文件夹。

(1) 在开发依赖中安装 rimraf 包：

```
npm i -D rimraf
```

(2) 为客户端 bundle 和服务器 bundle 各添加一个 build 脚本：

```
"build:client": "cross-env NODE_ENV=production webpack --progress
 --hide-modules --config webpack/client.js",
"build:server": "cross-env NODE_ENV=production webpack --progress
 --hide-modules --config webpack/server.js",
```

将 NODE_ENV 环境变量设置为 production，并对相应的 Webpack 配置文件运行 webpack 命令。

(3) 新建一个 build 脚本，用来清空 dist 文件夹并运行 build:client 和 build:server 这两个脚本：

```
"build": "rimraf dist && npm run build:client && npm run build:server",
```

(4) 添加最后一个名为 start 的脚本，它会以生产模式运行 express 服务器：

```
"start": "cross-env NODE_ENV=production node server",
```

(5) 现在可以运行构建了。还是使用 npm run 命令：

```
npm run build
```

现在 dist 文件夹应该包含了 Webpack 生成的所有块，以及服务器 bundle 和客户端构建清单 JSON 文件。

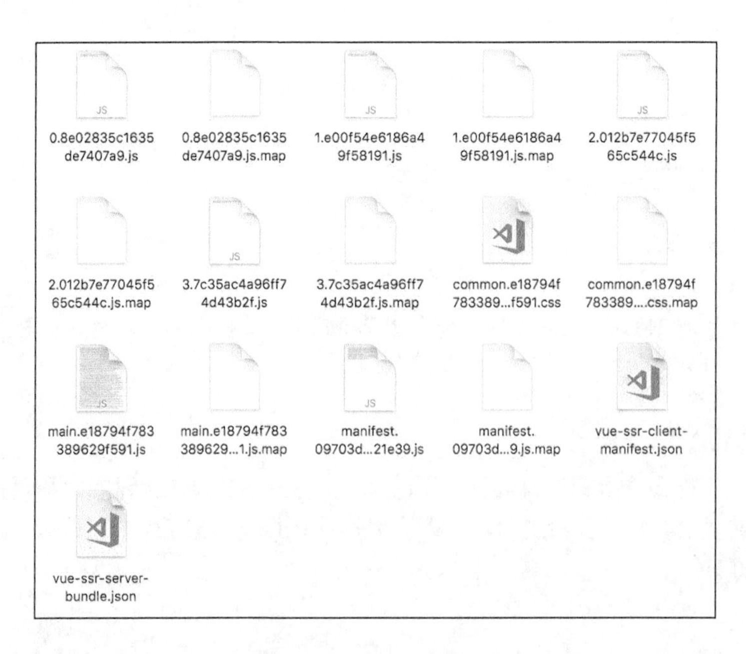

这些就是要上传到真实 Node.js 服务器上的文件。

(6) 现在启动 express 服务器:

```
npm start
```

此外，还需要将 server.js、package.json 和 package-lock.json 文件上传到真实的服务器上。别忘了运行 `npm install` 命令安装所有的依赖。

7.3 小结

本章，我们学习了如何使用 PostCSS 给 CSS 加前缀，如何使用 ESLint 进行代码检查以提升代码质量，以及如何使用 Jest 对组件进行单元测试等内容，从而改进了开发工作流程。我们还进一步学习了如何通过 `vue-i18n` 包和动态导入添加本地化支持，以及如何在通过重构项目来实现服务端渲染的同时享受 Webpack 的热重载、代码拆分和优化等优秀特性。

在最后一章，我们将使用 Meteor 全栈框架和 Vue 创建一个简单的实时应用。

第 8 章

项目 6：使用 Meteor 开发实时仪表盘

最后一章，我们会配合一个完全不同的栈一起使用 Vue——这就是 Meteor！

我们将探索这个 JavaScript 全栈框架并构建一个实时仪表盘，用来监控商品的生产。本章将探讨以下主题：

- 安装 Meteor 并设置项目；
- 使用 Meteor 方法将数据保存到 Meteor 集合（collection）中；
- 在 Vue 组件中订阅该集合并使用数据。

该应用有一个包含多个指示器的主页，如下图所示。

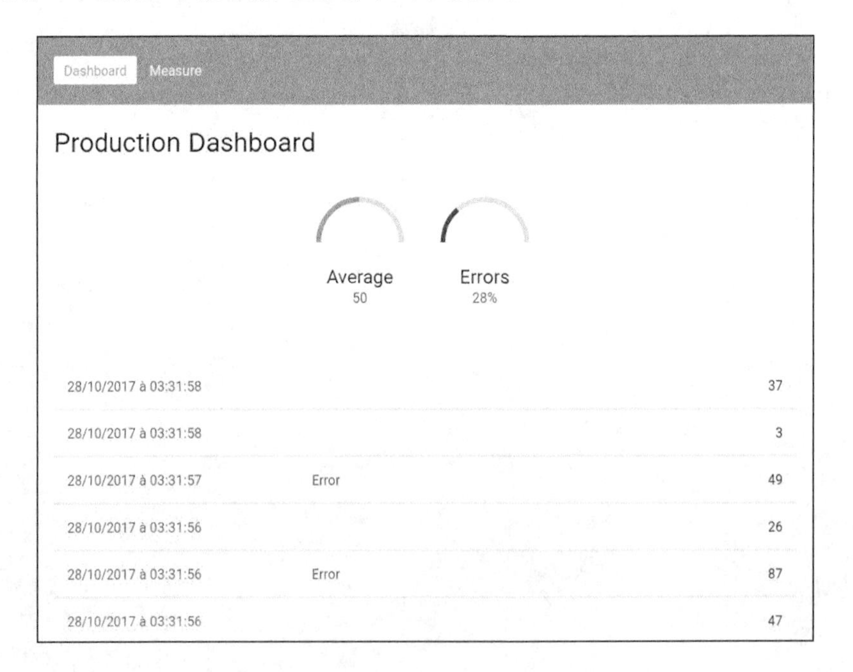

它还有一个包含多个按钮的页面，用来生成假的测量记录。这是因为我们并不是真的拥有这些传感器。

8.1 项目设置

第一部分将介绍 Meteor 并创建一个能在该平台上正常运行的简单应用。

8.1.1 什么是 Meteor

Meteor 是一个用于构建 Web 应用的全栈 JavaScript 框架。

Meteor 栈主要由以下元素构成：

- Web 客户端（可以使用任意前端库，如 React 或 Vue），包含一个名为 minimongo 的客户端数据库；
- 基于 Node.js 的服务器，支持现代的 ES2015+特性，包括 `import/export` 语法；
- 服务器使用 MongoDB 实时数据库；
- 客户端和服务器的通信是抽象的，客户端和服务端数据库能方便地实时同步；
- 可选的混合移动应用（Android 和 iOS），能用一条命令构建；
- 完整的开发者工具，如功能强大的命令行实用程序和易用的构建工具；
- Meteor 专用包（你也可以使用 npm 包）。

从上面可以看出，到处都用到了 JavaScript。Meteor 还鼓励你在客户端和服务端共享代码。

由于 Meteor 管理着整个栈，它提供了很多用法简单、功能强大的系统。举个例子，整个栈是实时响应式的，如果客户端向服务器发送一个更新，那么所有其他客户端都会收到新的数据，并且客户端 UI 也会自动更新。

Meteor 没有使用 Webpack，而是有自己名为 IsoBuild 的构建系统。Meteor 将重心放在易用性上（零配置），不过这也导致其灵活性不足。

8.1.2 安装 Meteor

如果你的系统上没有安装 Meteor，可以前往 Meteor 官方网站的安装指南页面 https://www.meteor.com/install，根据你的操作系统进行安装。

安装完成后，可以通过下面的命令检查 Meteor 是否安装成功：

```
meteor --version
```

这条命令会显示当前 Meteor 的版本。

8.1.3　创建项目

既然 Meteor 已经安装好了，我们来创建一个新的项目吧。

(1) 使用 `meteor create` 命令创建我们的第一个 Meteor 项目：

```
meteor create --bare <folder>
cd <folder>
```

`--bare` 参数告诉 Meteor 我们要创建一个空的项目。默认情况下，Meteor 会生成一些我们并不需要的样板文件，所以这个参数让我们无须再去删除这些文件了。

(2) 接下来，需要安装两个 Meteor 专用包：一个用于编译 Vue 组件，另一个则用于编译这些组件中的 Stylus。使用 `meteor add` 命令安装这两个包：

```
meteor add akryum:vue-component akryum:vue-stylus
```

(3) 还需要从 npm 安装 `vue` 和 `vue-router` 这两个包：

```
meteor npm i -S vue vue-router
```

注意，我们要使用命令 `meteor npm` 而不是 `npm`，这样做是为了拥有和 Meteor 相同的环境（Node.js 和 npm 版本）。

(4) 运行 `meteor` 命令，即可在开发模式下启动该应用：

```
meteor
```

Meteor 会启动一个 HTTP 代理、一个 MonoDB 和 Node.js 服务器。

```
=> Started proxy.
   [HMR] Dev server listening on port 3003
=> Started MongoDB.
=> Started your app.

=> App running at: http://localhost:3000/
```

它还会显示访问该应用的 URL 链接，但是如果现在打开它，将会显示一个空白页面。

8.1.4　第一个 Vue Meteor 应用

我们将在应用中显示一个简单的 Vue 组件。

(1) 在项目目录下创建一个新的 index.html 文件，并告诉 Meteor 我们要在页面的主体内添加一个 `id` 为 `app` 的 `div` 元素：

```
<head>
  <title>Production Dashboard</title>
```

```
</head>
<body>
  <div id="app"></div>
</body>
```

这并不是一个真正的 HTML 文件，而是一个可以向最终 HTML 页面的 head 或 body 注入额外元素的特殊格式。在这里，Meteor 会在 head 中添加一个 title 元素，并在 body 中添加一个<div>。

(2) 创建一个新的 client 文件夹和 componets 子文件夹，并在其中创建一个包含简单模板的 App.vue 组件：

```
<!-- client/components/App.vue -->
<template>
  <div id="#app">
    <h1>Meteor</h1>
  </div>
</template>
```

(3) 下载这个 Stylus 文件（参见源代码文件中的 chapter8-full/client 文件夹）至 client 文件夹并将其添加到 App.vue 组件：

```
<style lang="stylus" src="../style.styl" />
```

(4) 在 client 文件夹中创建一个 main.js 文件，用于在 Meteor.startup 钩子里面启动 Vue 应用：

```
import { Meteor } from 'meteor/meteor'
import Vue from 'vue'
import App from './components/App.vue'

Meteor.startup(() => {
  new Vue({
    el: '#app',
    ...App,
  })
})
```

在 Meteor 应用中，建议在 Meteor.startup 钩子内创建你的 Vue 应用，这样可以保证整个 Meteor 系统在启动前端之前准备完毕。

这段代码只会在客户端运行，因为该文件在 client 文件夹内。

现在你已经拥有一个能在浏览器中显示的简单应用了。可以打开 Vue 开发者工具检查页面中是否有 App 组件。

8.1.5　路由

下面向应用中添加一些路由。应用将拥有两个页面：一个包含指示器的仪表盘，以及一个拥有多个按钮（用于生成假数据）的页面。

(1) 在 client/components 文件夹中，创建两个新组件 ProductionGenerator.vue 和 ProductionDashboard.vue。

(2) 紧挨 main.js 文件，在 router.js 文件中创建路由器：

```
import Vue from 'vue'
import VueRouter from 'vue-router'

import ProductionDashboard from
'./components/ProductionDashboard.vue'
import ProductionGenerator from
'./components/ProductionGenerator.vue'

Vue.use(VueRouter)

const routes = [
  { path: '/', name: 'dashboard', component: ProductionDashboard
  },
  { path: '/generate', name: 'generate',
    component: ProductionGenerator },
]

const router = new VueRouter({
  mode: 'history',
  routes,
})

export default router
```

(3) 接着，在 main.js 文件中导入路由器并将其注入应用，就像我们在第 5 章中所做的那样。

(4) 在 App.vue 组件中，添加导航菜单和路由器视图：

```
<nav>
  <router-link :to="{ name: 'dashboard' }" exact>Dashboard
    </router-link>
  <router-link :to="{ name: 'generate' }">Measure</router-link>
</nav>
<router-view />
```

现在，应用的基础结构就完成了。

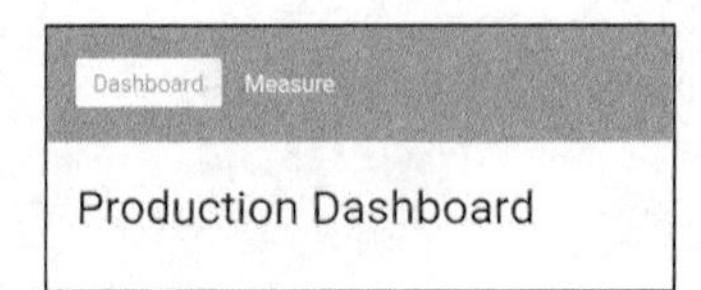

8.2 产品测量记录

我们要做的第一个页面是测量记录页面（Measure），上面有两个按钮：

- 第一个按钮会生成一条假的产品测量记录，其中包含当前日期（`date`）和一个随机值（`value`）；
- 第二个按钮同样生成一条测量记录，但会将 `error` 属性设为 `true`。

所有这些记录将被存放在一个名为 `Measures` 的集合里。

8.2.1 集成 Meteor 集合

Meteor 集合是一个响应式对象的列表，类似于 MongoDB 集合。（事实上，它的底层使用了 MongoDB。）

我们需要使用一个 Vue 插件将 Meteor 集合集成到应用中，用于应用的自动更新。

(1) 添加 `vue-meteor-tracker` npm 包：

```
meteor npm i -S vue-meteor-tracker
```

(2) 然后在 Vue 中安装下面的库：

```
import VueMeteorTracker from 'vue-meteor-tracker'

Vue.use(VueMeteorTracker)
```

(3) 使用 `meteor` 命令重新启动 Meteor。

现在应用能够识别 Meteor 集合了，这样我们就能在组件中使用它们了。稍后我们就会这样做。

8.2.2 设置数据

下一步是设置 Meteor 集合，用于存储测量记录数据。

1. 添加集合

我们会将记录存储到一个名为 `Measures` 的 Meteor 集合中。在项目目录下创建一个新的 lib 文件夹，其中的所有代码都将最先执行，包括客户端和服务端代码。在该文件夹内创建一个 collections.js 文件，我们将在里面声明 `Measures` 集合：

```
import { Mongo } from 'meteor/mongo'

export const Measures = new Mongo.Collection('measures')
```

2. 添加一个 Meteor 方法

Meteor 方法是客户端和服务端都会调用的特殊函数。这对于更新集合数据很有用，能提高应用的感知速度——客户端会直接在 minimongo 中执行，不必等待服务器接收并处理。

这一技术称为“乐观更新”（optimistic update），在网络条件差的情况下非常有效。

在 lib 文件夹下的 collection.js 文件旁边，创建一个新的 methods.js 文件。然后添加一个 `measure.add` 方法，用于向 `Measures` 集合插入新的测量记录：

```
import { Meteor } from 'meteor/meteor'
import { Measures } from './collections'

Meteor.methods({
  'measure.add' (measure) {
    Measures.insert({
      ...measure,
      date: new Date(),
    })
  },
})
```

现在，我们可以通过 `Meteor.call` 函数调用这个方法：

```
Meteor.call('measure.add', someMeasure)
```

客户端（使用名为 minimongo 的客户端数据库）和服务器均会执行这个方法。这样，客户端就会立即更新。

8.2.3　模拟测量记录

闲话少叙，我们来构建一个调用 `measure.add` Meteor 方法的简单组件。

(1) 在 `ProductionGenerator.vue` 模板中添加两个按钮：

```
<template>
  <div class="production-generator">
    <h1>Measure production</h1>

    <section class="actions">
      <button @click="generateMeasure(false)">Generate Measure</button>
      <button @click="generateMeasure(true)">Generate Error</button>
    </section>
  </div>
</template>
```

(2) 接着，在组件脚本中创建一个 `generateMeasure` 方法用于生成一些假数据，然后调用 `measure.add` Meteor 方法：

```
  <script>
  import { Meteor } from 'meteor/meteor'

  export default {
    methods: {
      generateMeasure (error) {
        const value = Math.round(Math.random() * 100)
        const measure = {
          value,
          error,
        }
        Meteor.call('measure.add', measure)
      },
    },
  }
</script>
```

组件看起来应该像下面这样。

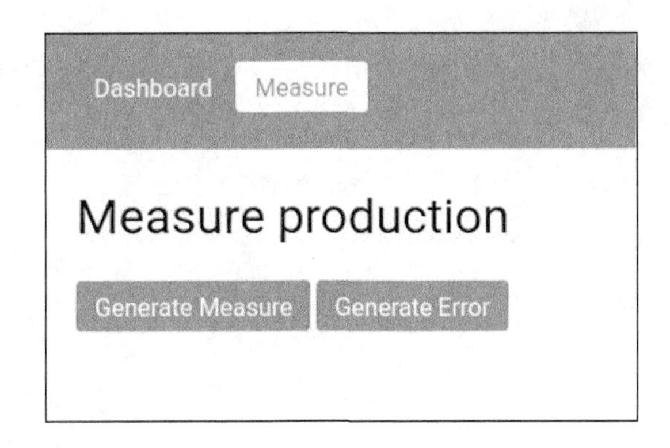

如果点击按钮，应该看不到有什么变化。

检查数据

我们可以用一个简单的方法来查看代码是否运行正常，并验证能否向 `Measures` 集合添加条目——那就是使用一条简单的命令连接到 MongoDB 数据库。

在另一个终端里，运行下面的命令来连接应用的数据库：

```
meteor mongo
```

然后输入下面的 MongoDB 查询语句，以获取 `measure` 集合的文档（创建 `Measures` Meteor 集合时使用的参数）：

```
db.measures.find({})
```

如果点击按钮，终端就会显示测量记录文档列表。

8

```
meteor:PRIMARY> db.measures.find({})
{ "_id" : "FMafQ3bDiby2vbABk", "value" : 17, "error" : false, "date" : ISODate("2017-10-28T00:29:23.183Z") }
{ "_id" : "KgmS6ryAeZChXi43B", "value" : 16, "error" : false, "date" : ISODate("2017-10-28T00:29:24.256Z") }
{ "_id" : "CcDFKR8tuLXab3jmN", "value" : 4, "error" : true, "date" : ISODate("2017-10-28T00:29:24.807Z") }
{ "_id" : "YiYsgye9kNzv2tJon", "value" : 60, "error" : false, "date" : ISODate("2017-10-28T00:30:08.553Z") }
{ "_id" : "XM73p2P7t7okV33Yb", "value" : 41, "error" : false, "date" : ISODate("2017-10-28T00:30:08.735Z") }
{ "_id" : "Rj95pRbcZxkjTFaL3", "value" : 62, "error" : false, "date" : ISODate("2017-10-28T00:30:08.896Z") }
{ "_id" : "nMZLHADf76oNnrfbd", "value" : 55, "error" : false, "date" : ISODate("2017-10-28T00:32:28.535Z") }
{ "_id" : "EwPim3BgLWuRFYdJw", "value" : 89, "error" : true, "date" : ISODate("2017-10-28T00:32:30.324Z") }
meteor:PRIMARY>
```

这就意味着我们的 Meteor 方法能够正常运行，对象也插入到了 MongoDB 数据库中。

8.3　仪表盘和报告

现在第一个页面已经完成了，我们要继续开发实时仪表盘。

8.3.1　进度条库

为了让指示器更漂亮一些，我们需要安装另一个使用 SVG 路径来绘制进度条的 Vue 库。这样，我们就能绘制半圆形的进度条了。

(1) 在项目中添加 `vue-progress-path` npm 包：

```
meteor npm i -S vue-progress-path
```

需要告诉 Meteor 的 Vue 编译器，不要处理 node_modules 文件夹中的文件，该文件夹用于保存安装包。

(2) 在项目根目录下创建一个新的.vueignore 文件。这个文件的工作原理类似于.gitignore，每一行都是用于忽略一些路径的规则。以斜杠/结束的规则会忽略对应的文件夹。因此，.vueignore 文件的内容如下所示：

```
node_modules/
```

(3) 最后，在 client/main.js 文件中安装 `vue-progress-path` 插件：

```
import 'vue-progress-path/dist/vue-progress-path.css'
import VueProgress from 'vue-progress-path'

Vue.use(VueProgress, {
  defaultShape: 'semicircle',
})
```

8.3.2　Meteor 发布

为了同步数据，客户端必须订阅在服务器上声明的一个发布（publication）。Meteor 发布是一个返回 Meteor 集合查询的函数，可以接受收参数来过滤将要同步的数据。

在本应用中，我们只需要一个能发送所有 Measures 集合文档的简单 measures 发布。

该代码应该只在服务器上运行。因此，在 project 文件夹中创建一个新的 server 文件夹，并在其中创建一个新的 publications.js 文件：

```
import { Meteor } from 'meteor/meteor'
import { Measures } from '../lib/collections'

Meteor.publish('measures', function () {
  return Measures.find({})
})
```

因为这段代码在名为 server 的文件夹中，所以只会在服务器上运行。

8.3.3 创建仪表盘组件

构建 ProductionDashboard 组件的准备工作已经做完了。由于之前安装了 vue-meteor-tracker 包，我们有一个新的组件定义选项 meteor。这个对象用于描述需要订阅的发布，以及组件需要检索的集合数据。

(1) 添加下面这个定义了 meteor 选项的脚本：

```
<script>
export default {
  meteor: {
    // 在此处进行订阅和集合查询
  },
}
</script>
```

(2) 在 meteor 选项内部，使用$subscribe 对象订阅 measures 发布：

```
meteor: {
  $subscribe: {
    'measures': [],
  },
},
```

这个空数组表示我们没有向发布传递参数。

(3) 通过在 meteor 选项内对 Measures Meteor 集合进行查询来检索测量记录：

```
meteor: {
  // ...

  measures () {
```

8

```
    return Measures.find({}, {
      sort: { date: -1 },
    })
  },
},
```

find 方法的第二个参数是一个与 MongoDB JavaScript API 十分类似的选项对象。这里，我们借助选项对象的 sort 属性，按日期递减的顺序对文档进行排序。

(4) 最后，创建 measures 数据属性并将其初始化为一个空数组。

现在，组件脚本应该是下面这样的：

```
<script>
import { Measures } from '../../lib/collections'

export default {
  data () {
    return {
      measures: [],
    }
  },

  meteor: {
    $subscribe: {
      'measures': [],
    },

    measures () {
      return Measures.find({}, {
        sort: { date: -1 },
      })
    },
  },
}
</script>
```

在浏览器开发者工具中，你可以查看组件是否检索了集合中的项。

1. 指示器

我们将为仪表盘指示器创建一个独立的组件，步骤如下。

(1) 在 components 文件夹中，创建一个新的 ProductionIndicator.vue 组件。

(2) 声明一个模板，用于显示进度条、标题以及额外的文本信息：

```
<template>
  <div class="production-indicator">
    <loading-progress :progress="value" />
    <div class="title">{{ title }}</div>
    <div class="info">{{ info }}</div>
```

```
  </div>
</template>
```

(3) 添加 `value`、`title` 和 `info` prop：

```
<script>
export default {
  props: {
    value: {
      type: Number,
      required: true,
    },
    title: String,
    info: [String, Number],
  },
}
</script>
```

(4) 回到 `ProductionDashboard` 组件，计算平均值以及错误率：

```
computed: {
  length () {
    return this.measures.length
  },

  average () {
    if (!this.length) return 0
    let total = this.measures.reduce(
      (total, measure) => total += measure.value,
      0
    )
    return total / this.length
  },

  errorRate () {
    if (!this.length) return 0
    let total = this.measures.reduce(
      (total, measure) => total += measure.error ? 1 : 0,
      0
    )
    return total / this.length
  },
},
```

在前面的代码片段中，我们将 `measures` 数组的长度缓存到一个名为 `length` 的计算属性中。

(5) 在模板内添加两个指示器，一个显示平均值，另一个显示错误率：

```
<template>
  <div class="production-dashboard">
    <h1>Production Dashboard</h1>
```

```
    <section class="indicators">
      <ProductionIndicator
        :value="average / 100"
        title="Average"
        :info="Math.round(average)"
      />
      <ProductionIndicator
        class="danger"
        :value="errorRate"
        title="Errors"
        :info="`${Math.round(errorRate * 100)}%`"
      />
    </section>
  </div>
</template>
```

别忘了将 ProductionIndicator 导入组件中！

指示器看起来应该是这样的。

2. 列出测量记录

最后，我们需要在指示器下面列出测量记录。

(1) 添加一个简单的<div>元素列表，用于存放每条测量记录，并显示日期、是否有错误，以及值：

```
<section class="list">
  <div
    v-for="item of measures"
    :key="item._id"
  >
    <div class="date">{{ item.date.toLocaleString() }}</div>
    <div class="error">{{ item.error ? 'Error' : '' }}</div>
    <div class="value">{{ item.value }}</div>
  </div>
</section>
```

现在，应用看起来应该像下面这样，包含一个导航工具栏、两个指示器以及测量记录列表。

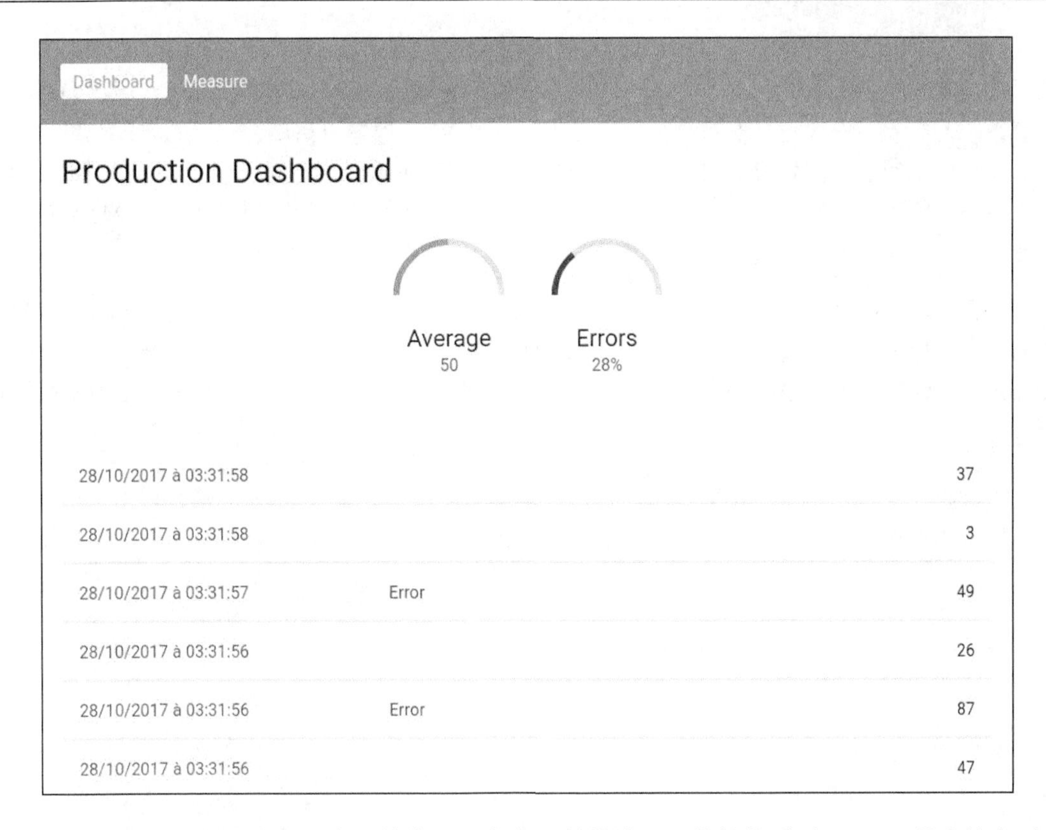

如果在另一个窗口中打开应用并将这两个窗口并排放置，你就能看到 Meteor 的全栈实时响应了。在一个窗口中打开仪表盘，另一个窗口中打开数据生成页面。此时添加假数据的话，就能在另一个窗口里看到实时的数据更新。

如果你想学习更多关于 Meteor 的知识，可以访问其官方网站（https://www.meteor.com/developers）以及整合了 Vue 的代码仓库（https://github.com/meteor-vue/vue-meteor）。

8.4　小结

在最后一章里，我们使用了一个新的全栈框架，名为 Meteor。我们将 Vue 整合到了应用中，并创建了一个 Meteor 响应式集合。通过 Meteor 方法，我们向集合插入文档并将数据实时显示在仪表盘组件中。

虽然本书已经到了尾声，但我们使用 Vue 的旅程才刚刚开始。一开始，我们学习了模板和响应式数据的基本概念，在不使用构建工具的情况下编写简单的应用。即使没有使用很多其他工具，也能开发出一个 Markdown 记事本，甚至一个带动画的浏览器卡牌游戏。接着，我们使用一系列工具来开发更大型的应用。官方命令行工具 vue-cli 在搭建项目的过程中帮了大忙。单文件组件

（.vue 文件）使组件易于维护和进化。我们还轻松地使用了预处理语言，如 Stylus。管理多页面时必须使用官方路由库 `vue-router`，我们在第 5 章中用它做出了很漂亮的用户系统以及私有路由。接着，我们进入了一个完全不同的阶段，在使用官方 Vuex 库以可扩展、安全的方式开发博客地图的过程中用到了很多高级功能，如 Google OAuth 和 Google 地图。之后，我们通过 ESLint 提高了在线商店应用的代码质量，并为组件编写了单元测试。我们甚至为应用添加了本地化支持以及服务端渲染，使其变得更为专业。

现在，你可以通过改进书中的项目来做练习，甚至可以开发自己的项目。使用 Vue 可以提高你的技巧，你也可以通过参加活动、与社区成员在线交流、参与 Vue 的开发（https://github.com/vuejs/vue）或帮助他人来提高自己的水平。分享知识会让你学到更多，并且在自己的领域做得更好。

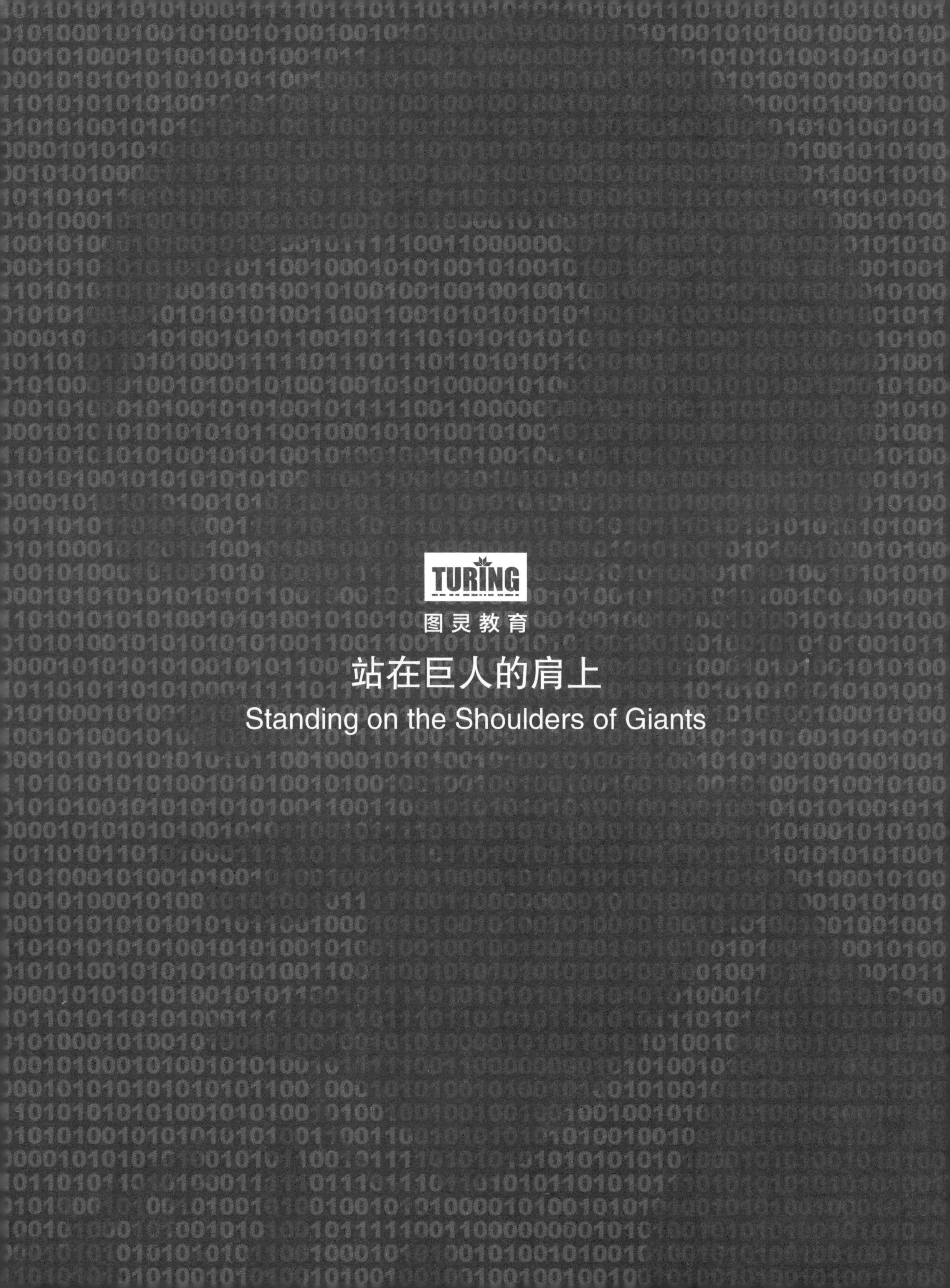
TURING
图灵教育
站在巨人的肩上
Standing on the Shoulders of Giants

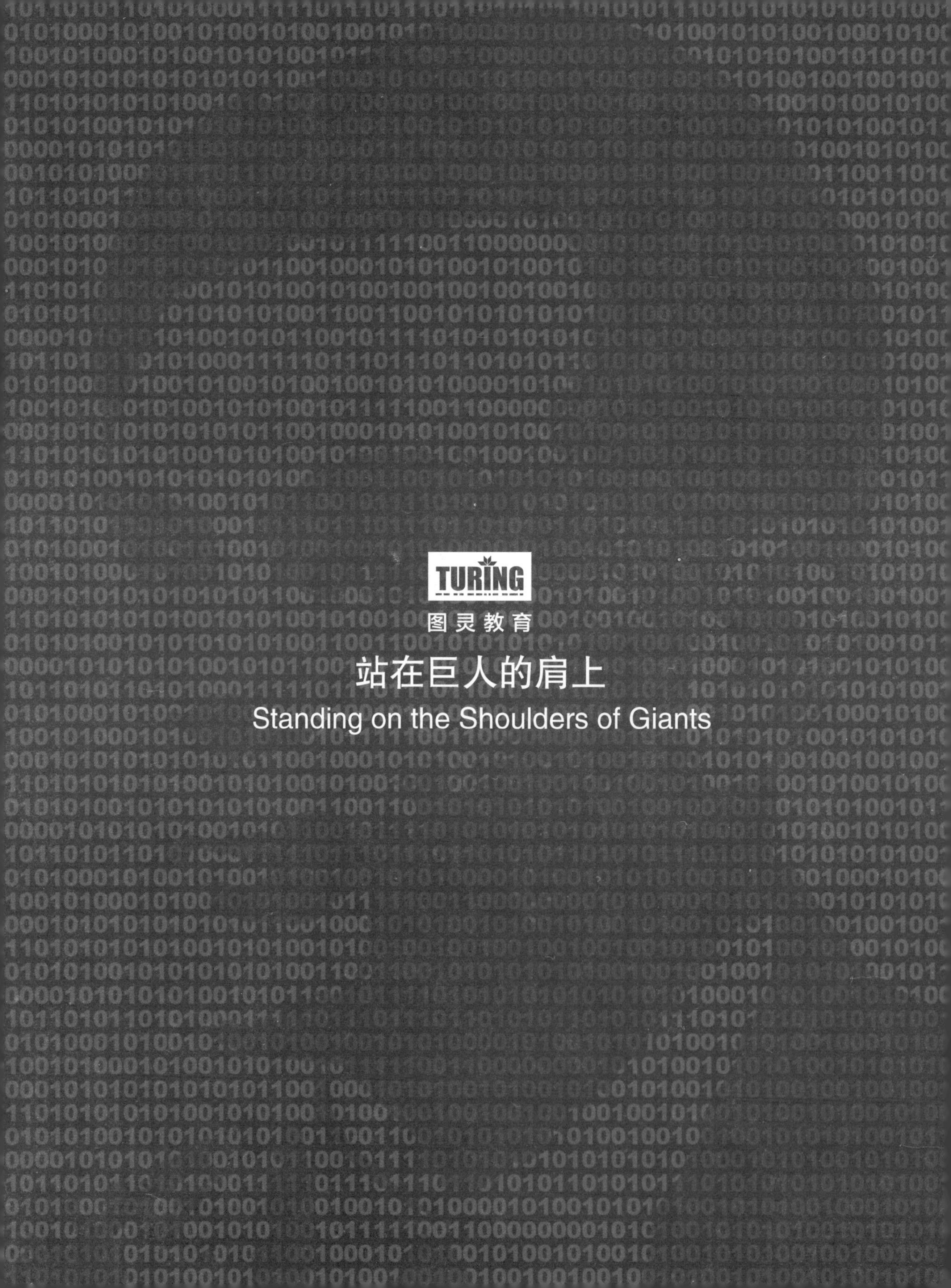
TURING
图灵教育
站在巨人的肩上
Standing on the Shoulders of Giants